ざろう!
ざってね!
がんばった 日は
大きな シールを
はっちゃおう!
がんばり
ました
やったね!!
よくできました
おうちの方へ：お子さまがシールを口に入れないようご注意ください。

おかしなドリル 小学2年 数・りょう・図形 もくじ

本誌に記載がある商品は2023年３月時点での商品であり，デザインが変更になったり，販売が終了したりしている場合があります。

1 3けたの 数 ①

百の位・十の位・一の位

名前

1 何《なん》こ ありますか。 1つ5［35点《てん》］

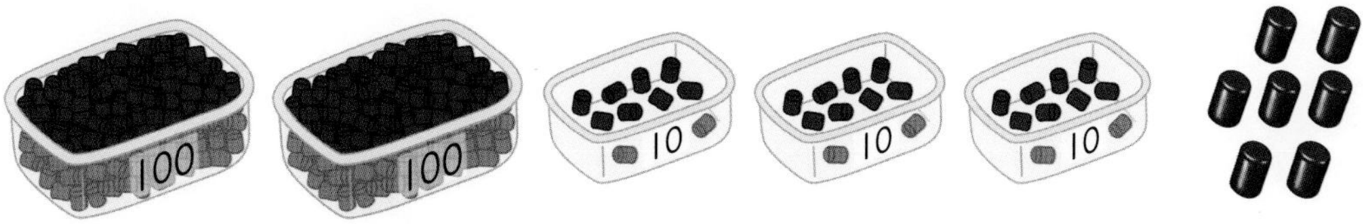
100
100
10
10
10

100が □ こ，10が □ こ，1が □ こ

あるので，あわせて 237 こ あります。

百のくらい	十のくらい	一のくらい
2	3	7

かん字で 書《か》くと
二百三十七
だよ。

2 数字《すうじ》で 書きましょう。 1つ5［15点］

① 三百八十一

（　　　　　）

② 六百五

（　　　　　）

③ 九百十

（　　　　　）

②は 何十が
ないから，
十のくらいの
数字は
0だよ。

1 3けたの 数 ①

3 何《なん》こ ありますか。 [15点《てん》]

100
100
100
100

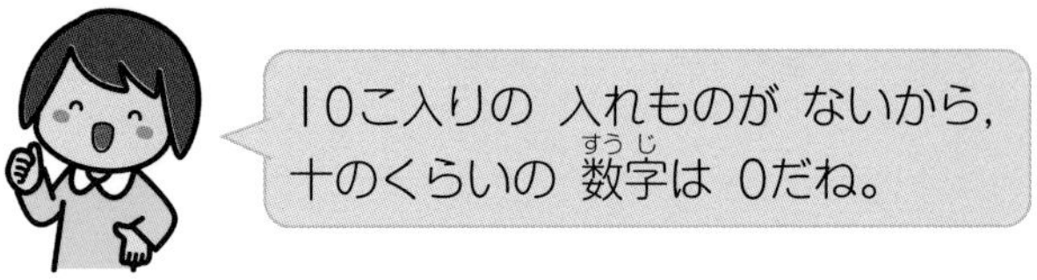
10こ入りの 入れものが ないから，
十のくらいの 数字《すうじ》は 0だね。

(　　　　　)こ

4 □に あう 数《かず》を 書《か》きましょう。 1つ5 [35点]

① 289は，100を □ こ，10を □ こ，

1を □ こ あわせた 数です。

② 570は，100を □ こ，10を □ こ あわせた

数です。

③ 百のくらいの 数字が 7，十のくらいの 数字が 0，

一のくらいの 数字が 3の 数は，□ です。

④ 百のくらいの 数字が 8，十のくらいの 数字が 6，

一のくらいの 数字が 0の 数は，□ です。

答え 56ページ

月　　日　　点

2 3けたの 数 ②

10をもとにした考え方・数の線・千

名前

1 10を 18こ あつめた 数《かず》は いくつですか。 [8点《てん》]

10が 18こ ＜ 10が 10こ ➡ 100 / 10が 8こ ➡ 80 ＞ □

100と 80を あわせると……。

2 240は，10を 何《なん》こ あつめた 数ですか。 [8点]

240 ＜ 200 ➡ 10が 20こ / 40 ➡ 10が 4こ ＞ 10が □ こ

20と 4を あわせると……。

3 下の 数の線《せん》を 見て 答《こた》えましょう。 1つ7 [21点]

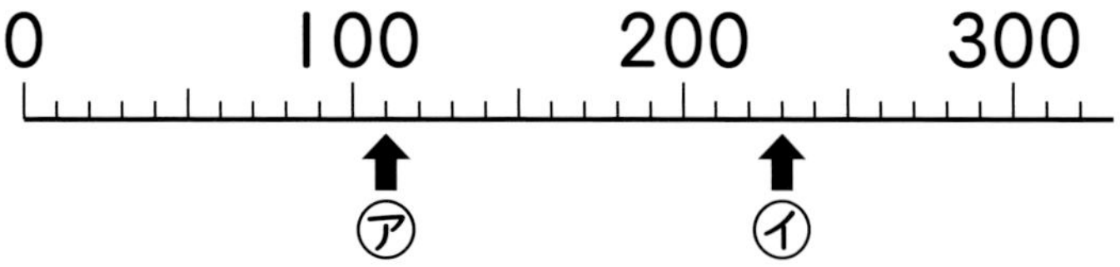

① いちばん 小さい 1めもりは いくつですか。

(　　　　)

② ㋐，㋑に あう 数を 答えましょう。

㋐(　　　　)　㋑(　　　　)

2 3けたの 数 ②

4 □に あう 数《かず》や ことばを 書《か》きましょう。　1つ7［35点《てん》］

① 10を 13こ あつめた 数は □ です。

② 450は，10を □ こ あつめた 数です。

③ 百を 10こ あつめた 数を 千《せん》 と いい，

1000 と 書きます。

④ 999より 1 大きい 数は □ です。

1000と いう 新《あたら》しい 数が 出てきたね。

5 □に あう 数を 書きましょう。　1つ7［28点］

①

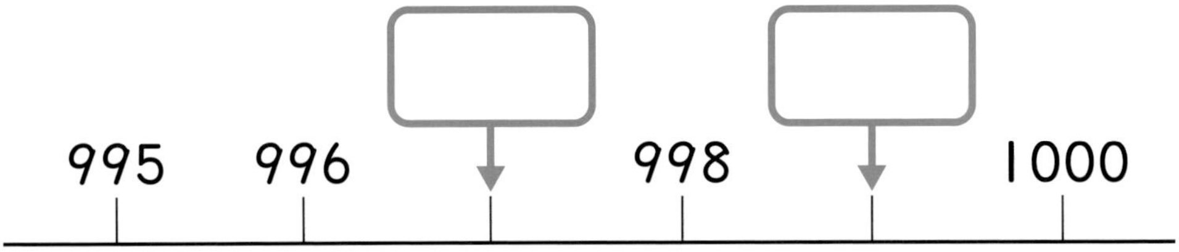
995
996
998
1000

②

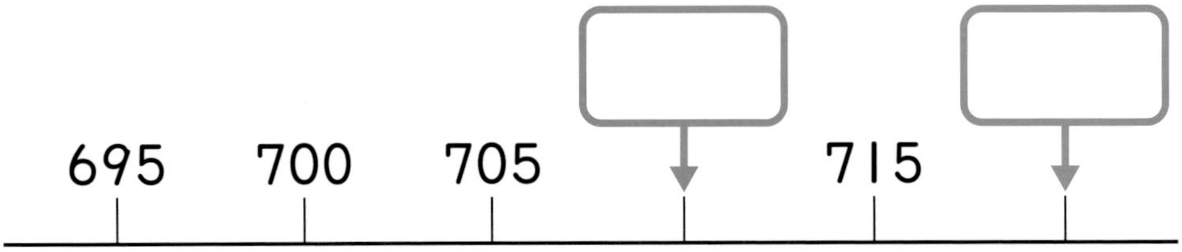
695
700
705
715

数の線《せん》の 1めもりが，
①は 1，②は 5に
なって いるよ。

答え 57ページ

月　日　点

3 何十，何百の 計算 ①

10や100のまとまりで考える計算

名前

1 40+80の 計算《けいさん》の しかたを 考《かんが》えましょう。 1つ4［16点《てん》］

10の まとまりが， 4 こと □ こを あわせて

□ こだから，40+80= □ です。

2 110−50の 計算の しかたを 考えましょう。 1つ4［16点］

10の まとまりが， 11 こから □ こを ひいて

□ こだから，110−50= □ です。

3 つぎの 計算を しましょう。 1つ4［16点］

① 70+70　　② 90+60

③ 120−30　　④ 160−80

3 何十，何百の 計算 ①

4 300+400の 計算《けいさん》の しかたを 考《かんが》えましょう。 1つ4［16点《てん》］

100の まとまりが，［3］こと［　］こを あわせて

［　］こだから，300+400=［　］です。

5 800−600の 計算の しかたを 考えましょう。 1つ4［16点］

100の まとまりが，［8］こから［　］こを ひいて

［　］こだから，800−600=［　］です。

6 つぎの 計算を しましょう。 1つ5［20点］

① 800+100　　② 300+700

③ 600−200　　④ 1000−500

答え 58ページ

月　日　　点

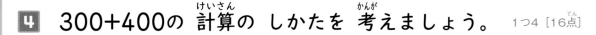

4 何十，何百の 計算 ②

3けたの数を含む計算・大小比較

名前

1 つぎの 計算《けいさん》をしましょう。

1つ4［40点《てん》］

① 300+50

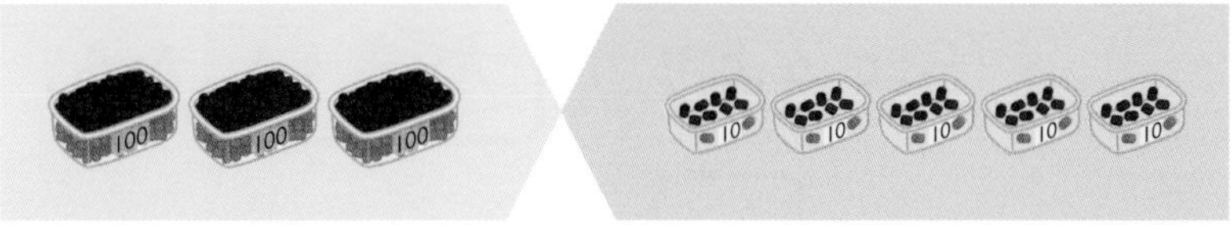

② 630−30

③ 200+4

10や 100の
まとまりで
考《かんが》えよう！

④ 502−2

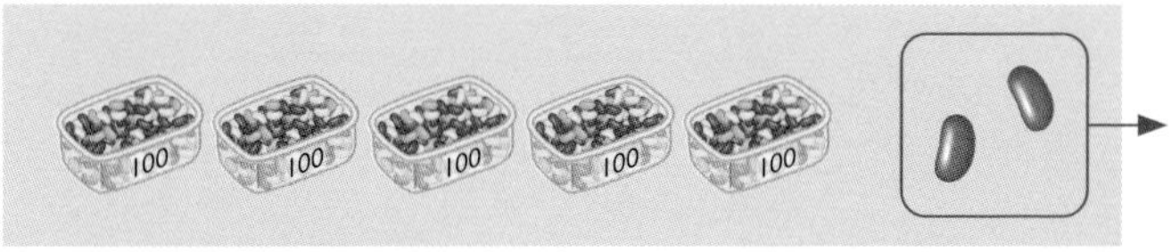

⑤ 700+10

⑥ 900+60

⑦ 820−20

⑧ 400+8

⑨ 507−7

⑩ 303−3

4 何十，何百の 計算 ②

2 513と 478の 大きさを くらべましょう。　1つ4［20点《てん》］

百	十	一
5	1	3
4	7	8

いちばん 大きい ［百］ のくらいの

数字《すうじ》が ［5］ と ［　］ で，

5は 4よりも ［大きい］ から，

513 ［>］ 478です。

まず いちばん 大きい
百のくらいの 数字を
くらべて，同《おな》じだったら，
つぎに 大きい
十のくらいの 数字を
くらべるよ。
それも 同じだったら，
一のくらいの 数字を
くらべよう。

513>478は
「513は，478より 大きい。」
478<513は
「478は，513より 小さい。」

3 □に あう >，<，＝を 書《か》きましょう。　1つ5［40点］

① 281 ［　］ 965　② 392 ［　］ 367

③ 874 ［　］ 858　④ 213 ［　］ 219

⑤ 654 ［　］ 657　⑥ 101 ［　］ 99

⑦ 902 ［　］ 900+2　⑧ 740−40 ［　］ 704

答え 59ページ

月　日　点

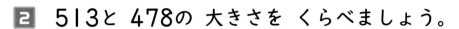

チョコっと まめちしき

ポイフルの ひみつ

○ポイフルとは○

ポイフルは ソフトな 食《しょっ》かんの グミです。ラズベリー，レモン，青リンゴ，グレープの 4しゅるいの くだものの あじの グミが 入って います。ハートの 形《かたち》をした ハッピーポイフルが 入って いる ことも あります。

ハッピー
ポイフル

○ポイフルと グミの かたさ○

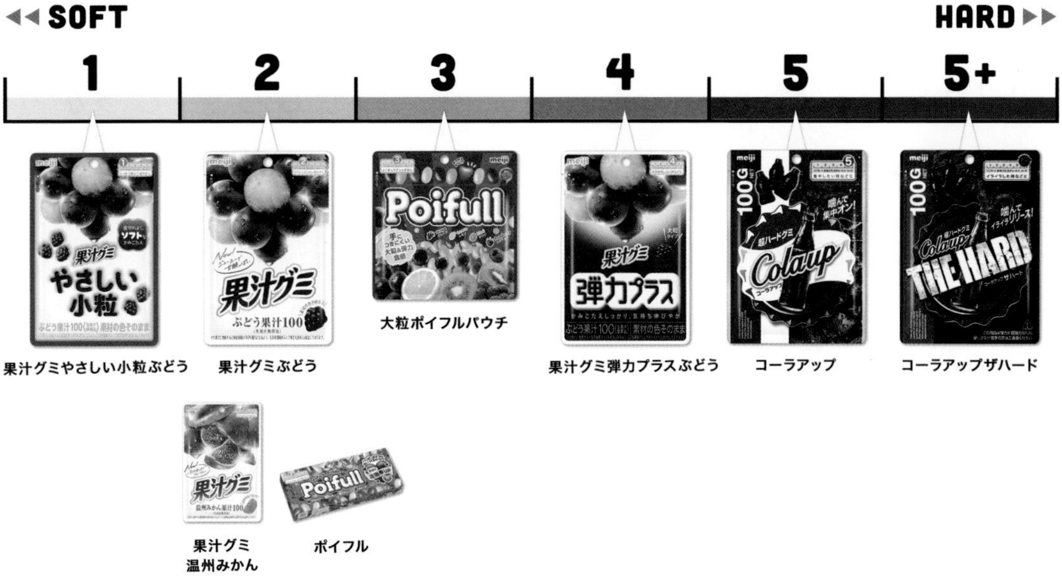
SOFT
HARD
1
2
3
4
5
5+
果汁グミやさしい小粒ぶどう
果汁グミぶどう
大粒ポイフルパウチ
果汁グミ弾力プラスぶどう
コーラアップ
コーラアップザハード
果汁グミ
温州みかん
ポイフル

グミの かたさを あらわす かみごたえチャートで 小つぶの ポイフルは やわらかい 方《ほう》から 2番目《ばんめ》，大つぶの ポイフルは 3番目の かたさに 分《わ》けられて います。

©meiji/y.takai

ペーパークラフトの 作《つく》り方《かた》

★79ページに のって いる
おかしボックスの 作り方です。

❶ キリトリ線《せん》で 切《き》りはなします。

はさみを つかう
時《とき》は，おうちの人と
いっしょに
とり組《く》もう。

❷ すべての おり線を 山おりに します。

❸❹

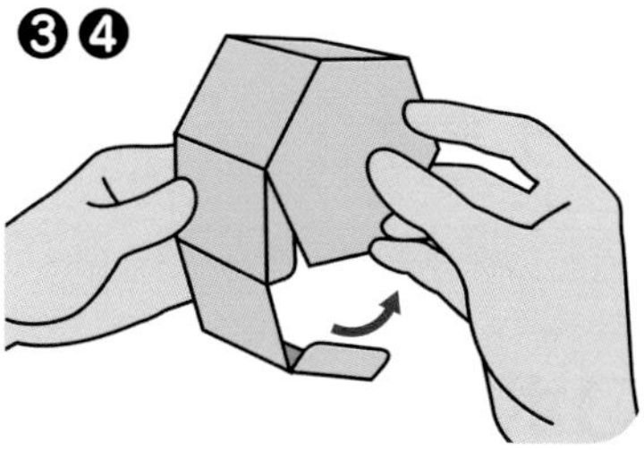

❸ のりを つけずに，1回《かい》 組《く》み立てます。

❹ もう1ど ひらいて，のりしろに
のりを つけて 組み立てます。このとき かるく 組み立て，
正しい いちが かくにんできたら，のりしろを しっかり
おさえます。

❺

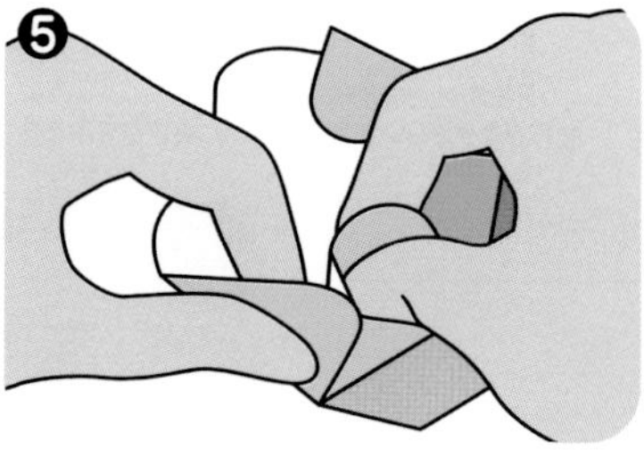

❺ ふたに なる 6まいの 羽《はね》は，右の 羽が
左の 羽の 下に かさなる ように
ピンクの 三角《さんかく》の ところ（◤）を
谷《たに》おりに します。

❻

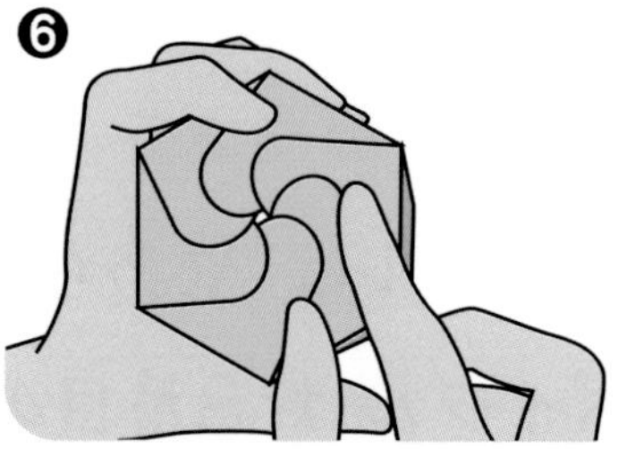

❻ 6まいの 羽を すき間《ま》が ない ように
正しく かさねれば かんせい！

5 4けたの 数 ①

千の位・百の位・十の位・一の位

名前

1 何《なん》こ ありますか。　1つ4［36点《てん》］

1000が □ こ，100が □ こ，10が □ こ，

1が □ こ あるから，あわせて [3145] こ あります。

千のくらい	百のくらい	十のくらい	一のくらい
3	1	4	5

かん字で 書《か》くと 三千百四十五だよ。

2 数字《すうじ》で 書きましょう。　1つ4［12点］

① 四千三百九十一

（　　　　　　）

② 六千八百二

（　　　　　　）

③ 七千八十九

（　　　　　　）

②は 何十が
なくて，
③は 何百が
ないね。

5 4けたの 数 ①

3 かん字で 書《か》きましょう。 1つ4 [12点《てん》]

① 8256 (　　　　　　　　)

② 2000 (　　　　　　　　)

③ 5008 (　　　　　　　　)

4 □に あう 数《かず》を 書きましょう。 1つ5 [40点]

① 4598は，1000を □ こ，100を □ こ，10を □ こ，1を □ こ あわせた 数です。

② 1040は，1000を □ こ，10を □ こ あわせた 数です。

③ 千のくらいの 数字《すうじ》が 7，百のくらいの 数字が 6，十のくらいの 数字が 0，一のくらいの 数字が 3の 数は，□ です。

④ 千のくらいの 数字が 9，百のくらいの 数字が 1，十のくらいの 数字が 2，一のくらいの 数字が 0の 数は，□ です。

答え 60ページ

月　　日　　点

6 4けたの 数 ②

100をもとにした考え方・何百の計算

名前

1 100を 12こ あつめた 数《かず》は いくつですか。 [6点《てん》]

100が 12こ
- 100が 10こ ➡ 1000
- 100が 2こ ➡ 200

→ □

1000と 200を あわせると……。

2 3600は，100を 何《なん》こ あつめた 数ですか。 [6点]

3600
- 3000 ➡ 100が 30こ
- 600 ➡ 100が 6こ

→ 100が □ こ

30と 6を あわせると……。

3 □に あう 数を 書《か》きましょう。 1つ6 [24点]

① 100を 48こ あつめた 数は □ です。

② 9700は，100を □ こ あつめた 数です。

③ 100を 60こ あつめた 数は □ です。

④ 7000は，100を □ こ あつめた 数です。

6 4けたの 数 ②

4 700+400の 計算《けいさん》の しかたを 考《かんが》えましょう。 1つ5［20点《てん》］

100の まとまりが，［7］こと □こを あわせて

□こだから，700+400=□です。

5 900−200の 計算の しかたを 考えましょう。 1つ5［20点］

100の まとまりが，［9］こから □こを ひいて

□こだから，900−200=□です。

6 つぎの 計算を しましょう。 1つ6［24点］

① 500+800　　② 600+600

③ 800−400　　④ 1000−300

答え61ページ

月　日　　点

7 4けたの 数 ③

万・数の線・大小比較

名前

1 □に あう 数《かず》や ことばを 書《か》きましょう。　1つ5 [20点《てん》]

① 千を 10こ あつめた 数を［一万《いちまん》］と いい，

［10000］と 書きます。

② 9990は，あと［　　］で 10000に なります。

③ 10000は，100を［　　］こ あつめた 数です。

2 下の 数の線《せん》を 見て 答《こた》えましょう。　1つ4 [16点]

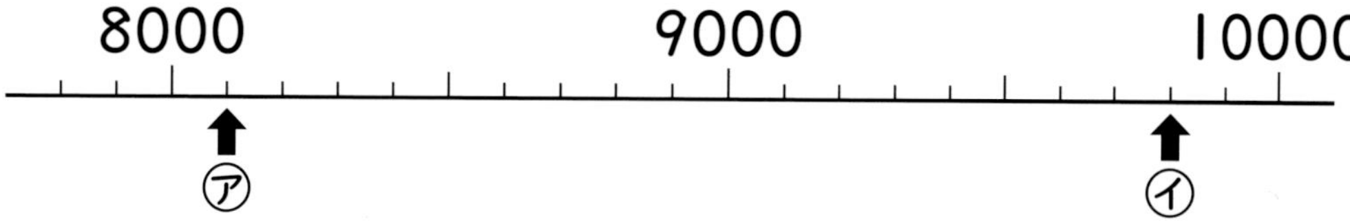
8000
9000
10000
ア
イ

① いちばん 小さい 1めもりは いくつですか。

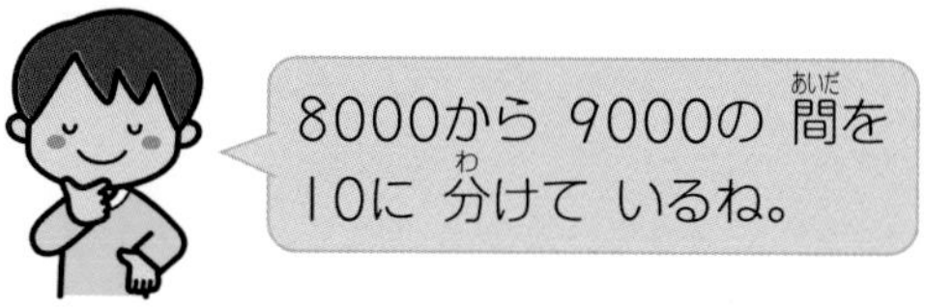
8000から 9000の 間《あいだ》を
10に 分《わ》けて いるね。

（　　　　）

② ア，イに あう 数を 答えましょう。

ア（　　　　）　イ（　　　　）

③ 8500を あらわす めもりに，↑を かきましょう。

7 4けたの 数 ③

3 □に あう 数《かず》を 書《か》きましょう。　1つ4［24点《てん》］

①

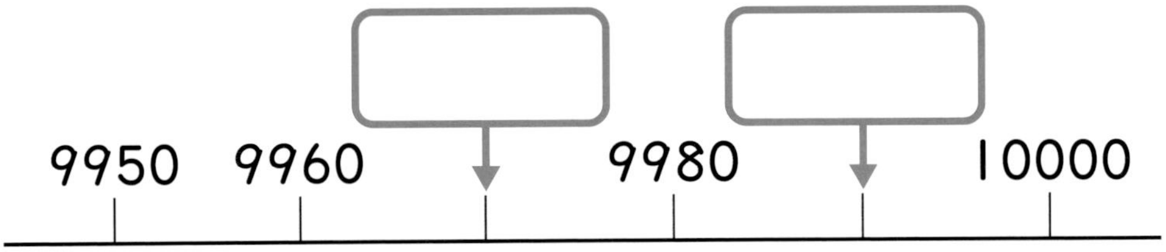

9950
9960
9980
10000

②

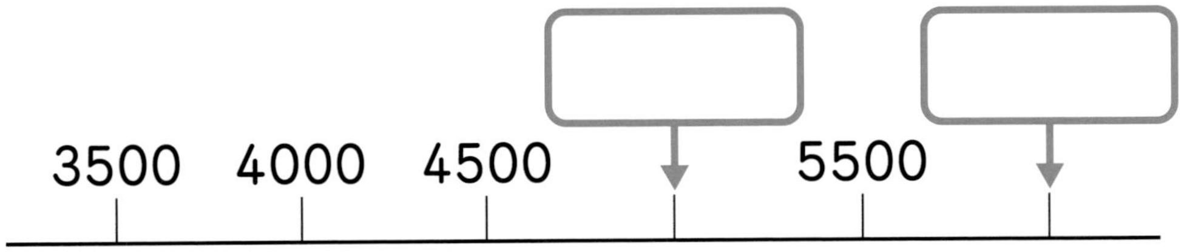

3500
4000
4500
5500

③

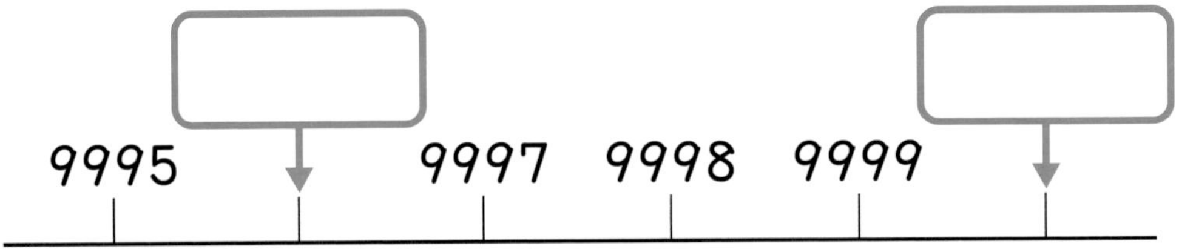

9995
9997
9998
9999

4 □に あう ＞，＜を 書きましょう。　1つ5［40点］

① 2965 □ 3874　② 9899 □ 8999

③ 5160 □ 5201　④ 3456 □ 3724

⑤ 8062 □ 8052　⑥ 7138 □ 7167

⑦ 4391 □ 4399　⑧ 1007 □ 997

答え 62ページ

月　日　点

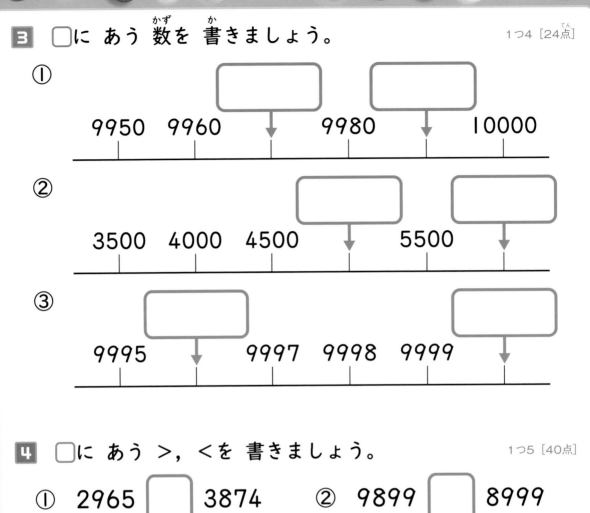

8 分けた 大きさ

分数

名前

1 同《おな》じ 大きさに なるように，チョコレートを 分《わ》けます。

1つ10［60点《てん》］

① 右のように，同じ 大きさに 2つに 分けた 1つ分《ぶん》を，もとの 大きさの

二《に》分《ぶん》の一《いち》 と いい， $\frac{1}{2}$ と 書《か》きます。

② 右のように，同じ 大きさに 4つに 分けた 1つ分を，もとの 大きさの

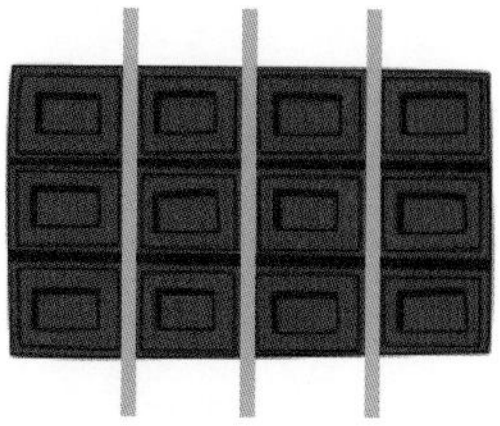

四《よん》分《ぶん》の一《いち》 と いい， $\frac{1}{4}$ と 書きます。

③ 右のように，同じ 大きさに 3つに 分けた 1つ分を，もとの 大きさの

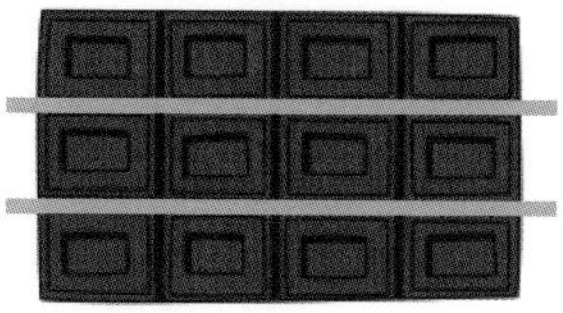

三《さん》分《ぶん》の一《いち》 と いい， $\frac{1}{3}$ と 書きます。

1つの ものを 半分《はんぶん》に すると $\frac{1}{2}$，それを 半分に すると $\frac{1}{4}$，さらに 半分に すると $\frac{1}{8}$（八分《はちぶん》の一《いち》）に なるんだよ。

8 分けた 大きさ

2 テープの 長《なが》さを くらべましょう。　1つ8［24点《てん》］

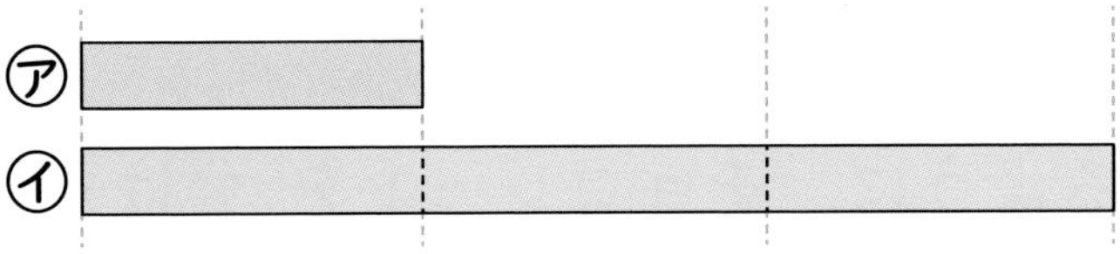

① ㋐の テープの □ つ分《ぶん》の 長さが，㋑の テープと 同《おな》じ 長さに なって います。

② ㋑の テープの 長さは，㋐の テープの 長さの 3 ばい。

③ ㋐の テープの 長さは，㋑の テープの 長さの $\frac{1}{3}$。

分数《ぶんすう》で 書《か》こう。

3 テープの 長さを くらべましょう。　1つ8［16点］

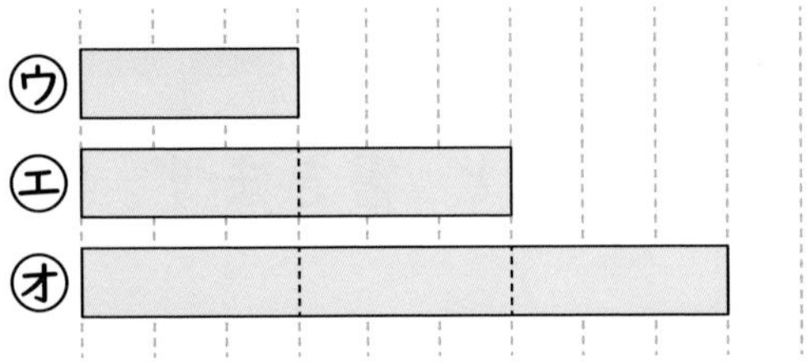

① ㋒は，ある テープを 2つに 分《わ》けた 1つ分で，もとの 長さの $\frac{1}{2}$です。もとの 長さは ㋓，㋔の どちらですか。

（　　　）

② ㋒の テープの 長さは，㋔の テープの 長さの 何分《なんぶん》の一ですか。分数で 答《こた》えましょう。（　　　）

答え 63ページ

月　　日　　点

ひとやすみ

★作ってみよう★
チョコバナナ

○ざいりょう○　(バナナ5本分《ほんぶん》)

明治《めいじ》ミルクチョコレート … 3枚《まい》（150g《グラム》）

バナナ … 5本

〈飾《かざ》り用《よう》〉

ポイフル … 適量《てきりょう》

アポロ … 適量《てきりょう》

チョコチューブ … 適量《てきりょう》

カラーシュガー … 適量《てきりょう》

カラーチョコスプレー … 適量《てきりょう》

アラザン … 適量《てきりょう》

パーティーに
おすすめ
だよ！

○どうぐ○

包丁《ほうちょう》，まな板《いた》，ゴムべら，ボウル，
持《も》ち手にする棒《ぼう》（割《わ》りばしやアイスの棒《ぼう》など），
スプーン，冷蔵庫《れいぞうこ》

ポイント

もち手を バナナに
さす ときは バナナが
われないように
気を つけよう。

○作《つく》り方《かた》○

① チョコレートは細《こま》かく刻《きざ》んでボウルに入れ，約《やく》50～55℃《ど》のお湯《ゆ》で湯《ゆ》せんにかけてとかしておきます。

② 皮《かわ》をむいたバナナに持《も》ち手を差《さ》し込《こ》み，スプーンを使《つか》って，とかしたチョコレートをバナナのまわりにたっぷりつけます。

③ お好《この》みのお菓子《かし》やアラザン，カラーシュガーなどでデコレーションし，冷蔵庫《れいぞうこ》で約《やく》30分《ぷん》冷《ひ》やし固《かた》めて，できあがり！

かならず おうちの人と
いっしょに 作《つく》ろう。

○ゆせんの やり方《かた》○

ゆせんは あたためた おゆを つかって ざいりょうを

あたためる 方《ほう》ほうです。

チョコレートを とかす ときなどに ぴったりです。

ひつような どうぐ

ボウル大・小，ちょう理《り》用《よう》おんど計《けい》，ヘラ

① やかんなどで おゆを あたためます。

50～60℃《ど》の おゆを つかいます。
ときどき ちょう理用おんど計で はかりましょう。

② おゆを 大きい ボウルに 入れ，きざんだ チョコレートを
小さい ボウルに 入れます。

③ 小さい ボウルを しっかりと もち，
おゆに 半分《はんぶん》くらい しずめて ヘラで
チョコレートを ゆっくりと
かきまわします。

※チョコレートに おゆが 入らないように
ちゅういしよう。

④ チョコレートが ぜんぶ とけて
なめらかに なったら，おゆの 入った
ボウルを 外《はず》します。チョコレートを
ヘラで もち上げて たらしてみて，
かたまりが のこらなければ，できあがり！

※あたためすぎないように ちゅういしよう。

9 グラフと ひょう

データをグラフと表にまとめる

名前

1 おかしの 数《かず》を しらべましょう。　グラフ20，ひょう20［40点《てん》］

① おかしと その数を
グラフに あらわします。
グラフの つづきを
かきましょう。

おかしと その数

アポロ	かじゅうグミ	きのこの山	ポイフル	マーブル
○				
○				
○	○			

② グラフの 数を，下の ひょうに あらわしましょう。

おかしと その数

おかし	アポロ	かじゅうグミ	きのこの山	ポイフル	マーブル
数	3				

9 グラフと ひょう

2 おかしの 数《かず》を しらべて，グラフと ひょうに あらわしました。

1つ15［60点《てん》］

おかしと その数

おかし	たけのこの里《さと》	チョコベビー	バナナチョコ	プッカ
数	2	6	4	3

① プッカは 何《なん》こですか。

（　　　　　）

② 数が いちばん 多《おお》いのは どの おかしですか。

（　　　　　）

③ たけのこの里と バナナチョコでは どちらが 何こ 多いですか。

［　　　　］が ［　］こ 多い。

おかしと その数

たけのこの里	チョコベビー	バナナチョコ	プッカ
	○		
	○		
	○	○	
	○	○	○
○	○	○	○
○	○	○	○

グラフや ひょうに あらわすと，多い 少《すく》ないや 数が わかりやすいね。

答え 64ページ

月　　日　　点

10 時こくと 時間 ①

時刻と時間の違い・時間を求める問題

名前

1 下の 絵《え》を 見て，□に あう 数《かず》や ことばを 書《か》きましょう。

1つ10［50点《てん》］

家《いえ》に 帰《かえ》る　　ポイフルを 食《た》べはじめる

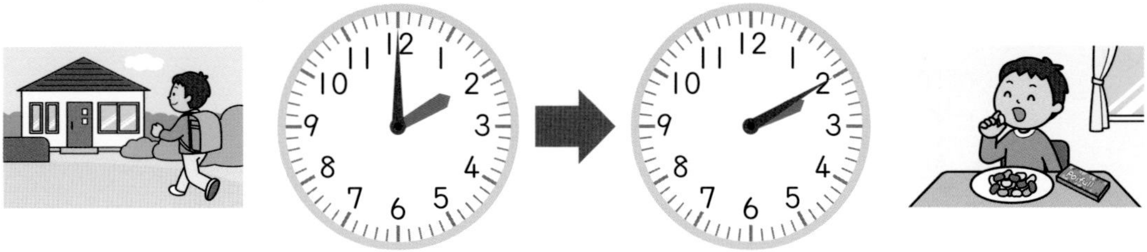

① 家に 帰った 時《じ》こく は 2時で，ポイフルを

食べはじめた 時こくは □ 時 □ 分《ぷん》です。

② 家に 帰ってから ポイフルを 食べはじめるまでに

かかった 時間《じかん》 は □ です。

時こくと 時こくの 間《あいだ》が 時間。

長《なが》い はりが 1めもり すすむ

時間は 1分だよ。

2 つぎの 時間は 何分《なんぷん》ですか。　［10点］

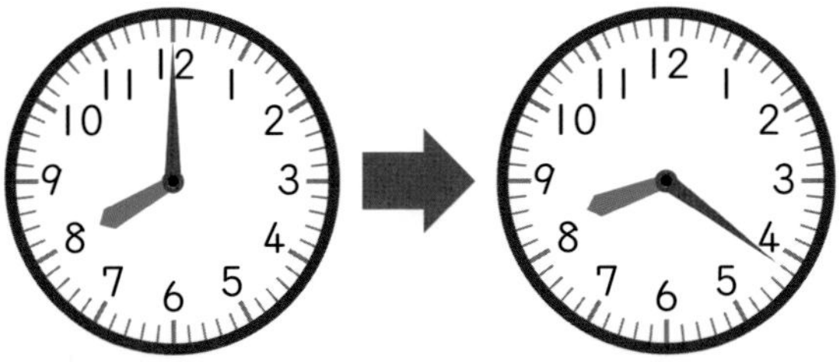

（　　　　）

10 時こくと 時間 ①

3 つぎの 時間《じかん》は 何分《なんぷん》ですか。　1つ10 [40点《てん》]

①

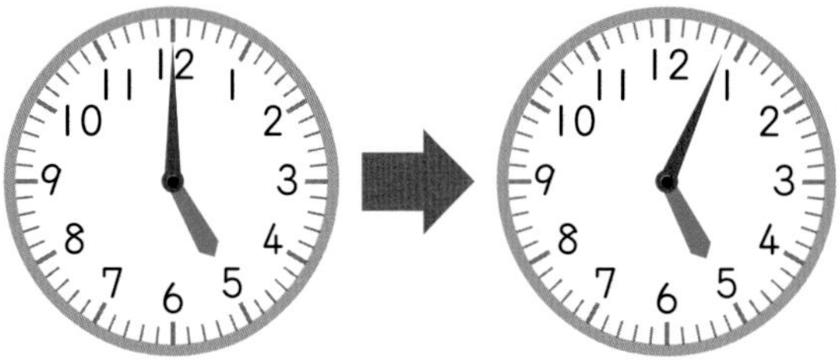

(　　　　　　　　)

②

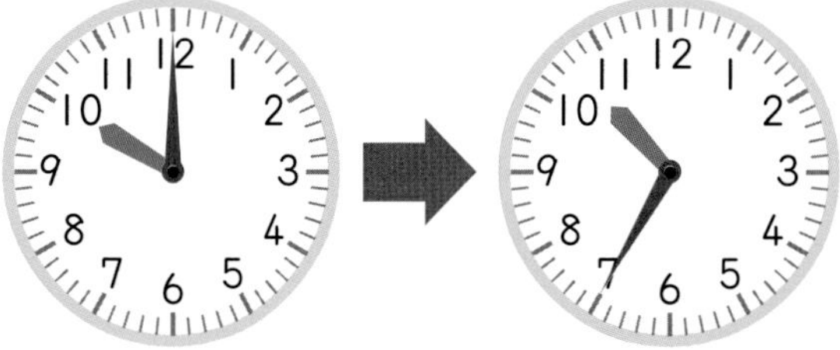

(　　　　　　　　)

③

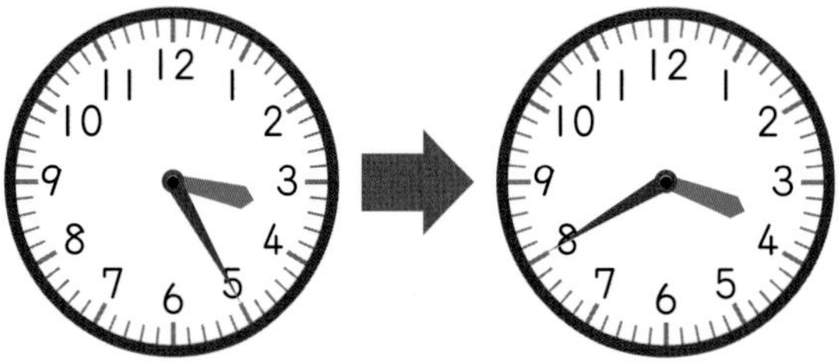

(　　　　　　　　)

④

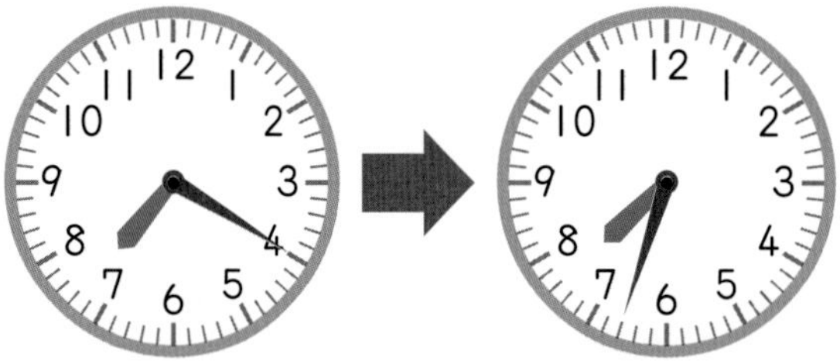

(　　　　　　　　)

答え 65ページ

月　　日　　点

11 時こくと 時間 ②

時間と分・時刻を求める問題

名前

1 □に あう 数《かず》や ことばを 書《か》きましょう。　1つ5［10点《てん》］

長《なが》い はりが ひと回《まわ》りする

時間《じかん》は ［ 1時間 ］ です。

1時間＝□分《ぷん》です。

2 □に あう 数を 書きましょう。　1つ6［36点］

① 1時間40分＝□分

② 1時間10分＝□分

③ 90分＝□時間□分

④ 65分《ふん》＝□時間□分

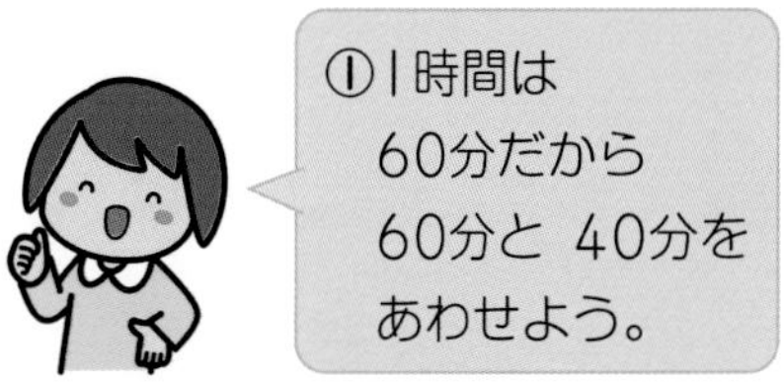
①1時間は
60分だから
60分と 40分を
あわせよう。

③90分を
60分と 30分に
分《わ》けて 考《かんが》えよう。

3 つぎの 時間は 何時間《なんじかん》ですか。　［6点］

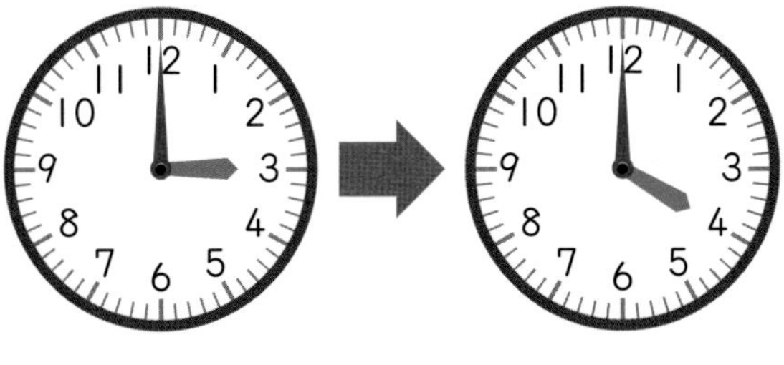

（　　　　　　）

11 時こくと 時間 ②

4 今《いま》の 時《じ》こくは 6時30分《ぷん》です。つぎの 時こくを 答《こた》えましょう。

1つ6［24点《てん》］

① 1時《じ》間《かん》後《あと》 （　　　　）

② 2時間前《まえ》 （　　　　）

③ 20分後 （　　　　）

④ 10分前 （　　　　）

5 今の 時こくは 4時10分です。つぎの 時こくを 答えましょう。

1つ6［24点］

① 2時間後 （　　　　）

② 3時間前 （　　　　）

③ 25分《ふん》後 （　　　　）

④ 10分前 （　　　　）

答え 66ページ

月　日　点

12 午前と 午後

午前・正午・午後

名前

1 下の 図《ず》を 見て，□に あう 数《かず》や ことばを 書《か》きましょう。

1つ8［48点《てん》］

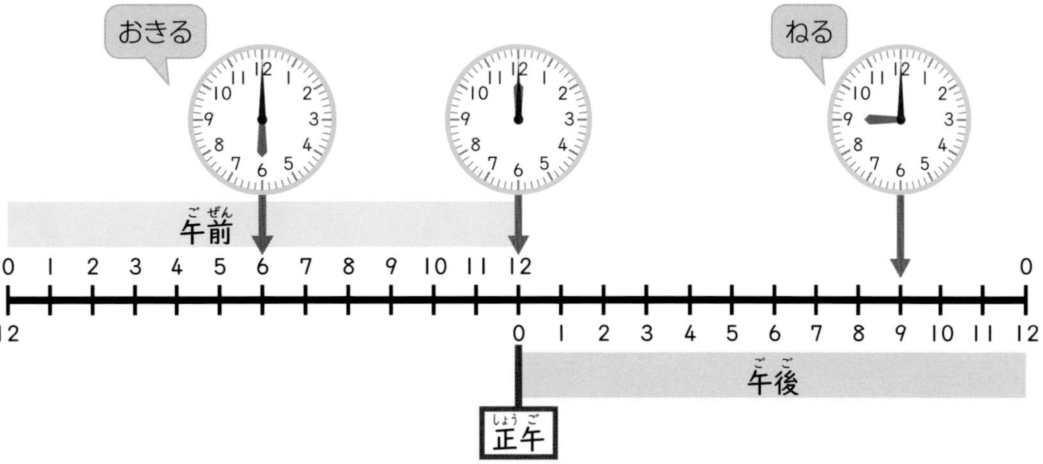

① おきる 時《じ》こくは 午前 です。

② 午前12時や 午後0時の ことを 正午 と

いいます。

③ ねる 時こくは 午後 です。

④ 午前，午後は それぞれ □ 時間《じかん》です。

⑤ 1日＝□時間

⑥ みじかい はりは 1日に □ 回《かい》 回《まわ》ります。

12 午前と 午後

2 つぎの 時間《じかん》を 答《こた》えましょう。

1つ8［16点《てん》］

①

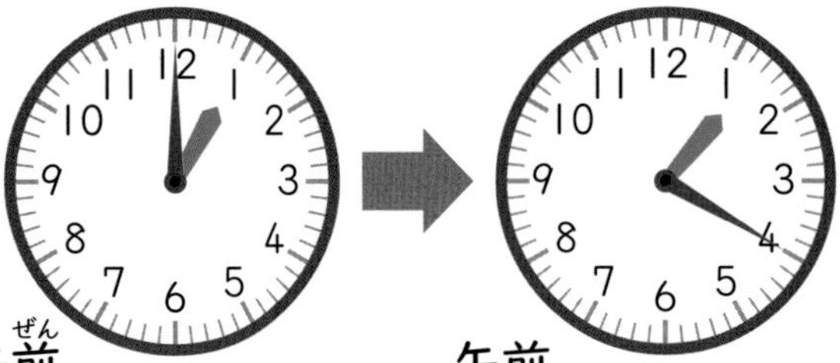

午前《ごぜん》　　午前

（　　　　　　）

午前11時から
正午《しょうご》までは 1時間。
正午から 午後2時までは
2時間だから……。

②

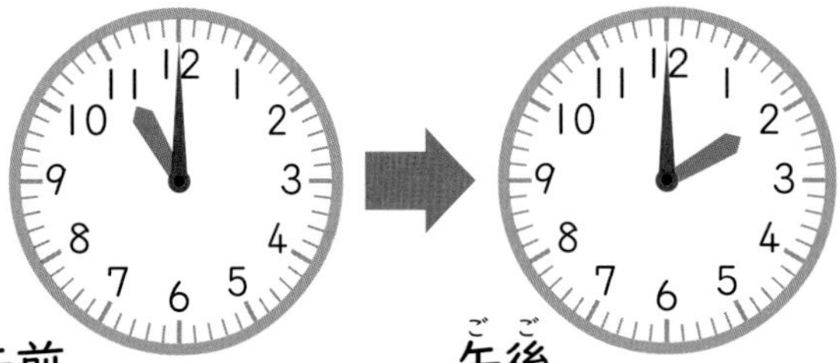

午前　　午後《ごご》

（　　　　　　）

3 つぎの 時こくを 答《こた》えましょう。

1つ9［36点］

① 午前

20分後《ぷんあと》の 時こく

（　　　　　　）

1時間後の 時こく

（　　　　　　）

② 午後

15分前《ふんまえ》の 時こく

（　　　　　　）

2時間前の 時こく

（　　　　　　）

答え 67ページ

月　　日　　点

チョコっと まめちしき

食ひんロスを しろう！

○食《しょく》ひんロスって なんだろう○

本当《ほんとう》は 食《た》べられるのに すてられてしまう 食べものの ことを，食ひんロスと いいます。たとえば，野《や》さいを 切《き》るときに 食べられる ぶ分《ぶん》まで すててしまうと，食ひんロスに なります。食べられる ものを すてると もったいないですね。

ピーマンの たねは，
すてずに りょう理《り》に
つかえるよ。

○食ひんロスを なくそう○

日本では，お店《みせ》や 家《いえ》から 毎日《まいにち》 たくさんの 食ひんロスが 出ています。食ひんロスを へらす ために どんな ことが できるか 考《かんが》えてみましょう。

レストランで りょう理を たくさん
たのみすぎると 食べきれないね。

かわまで 食べられる 野《や》さいや
くだものを しらべたいな。

おうちの人にも 工《く》ふうしている ことを
聞《き》いてみよう。

○作《つく》ってみよう○　ごみが きえる？ ふしぎな そうち

野《や》さいくずなどの ごみは，土の 中に 入れておくだけで いつのまにか なくなって しまいます。これは，土に すんでいる 小さな 生きものの はたらきの おかげです。

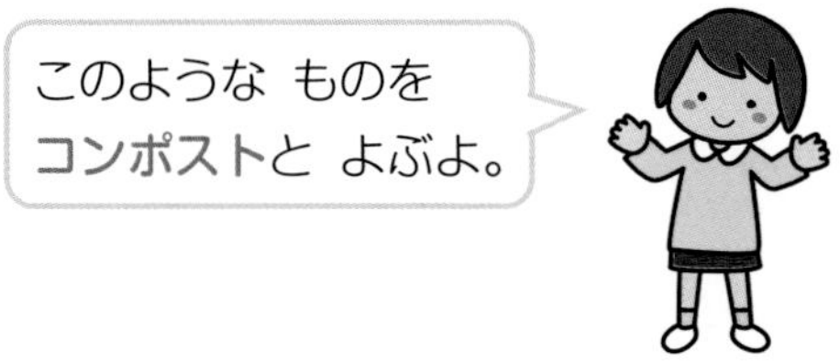
このような ものを
コンポストと よぶよ。

【作り方《かた》】

① ペットボトルの 上の ぶ分《ぶん》を 切《き》りとって，土を 半分《はんぶん》くらい 入れます。

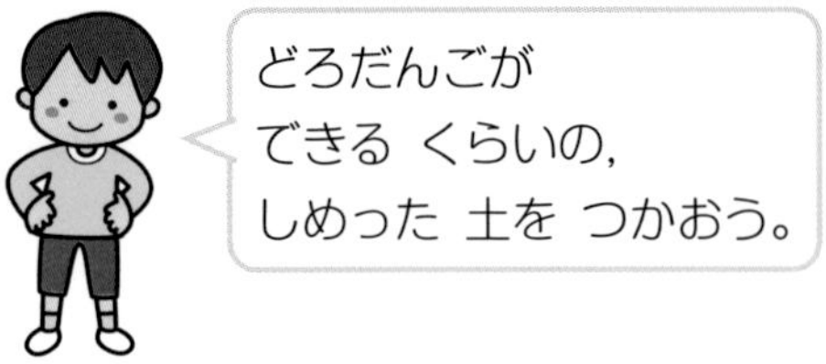
どろだんごが
できる くらいの，
しめった 土を つかおう。

② 野さいくずを 入れて，5cmくらい 土を かぶせます。

③ 夏《なつ》は １週間《しゅうかん》，冬《ふゆ》は １か月くらいで 野さいくずが なくなります。

ごみが
なくなった！

土の 力で
ごみが へらせるんだね。

> おうちの方へ
> 水分を保てるよう，直射日光のあたらない屋外に置いてください。
> 途中で発生する白いカビは，微生物の栄養となり次第になくなります。

13 長さの たんい ①

cmとmm

名前

1 □に あう 数《かず》や ことばを 書《か》きましょう。 1つ10 [20点《てん》]

右の 図《ず》の ㋐の 長《なが》さを，

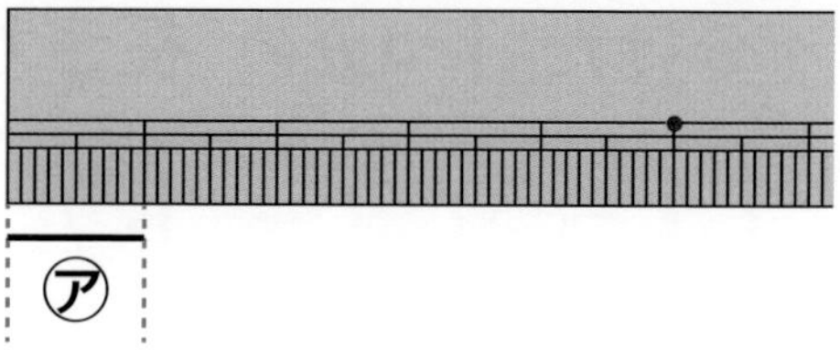

［1センチメートル］と

いい，［1cm］と 書きます。

2 長さを 正しく はかって いるのは どれですか。 [10点]

ア

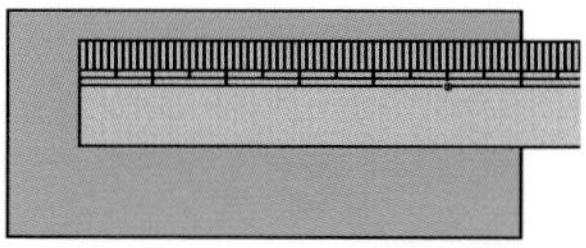

イ

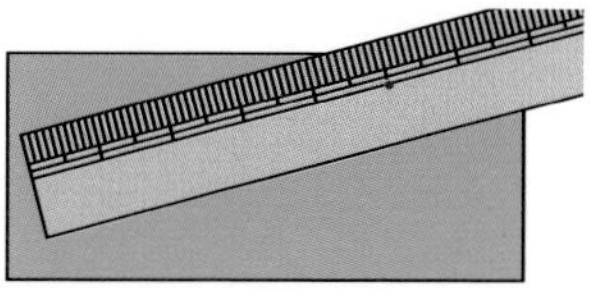

ウ

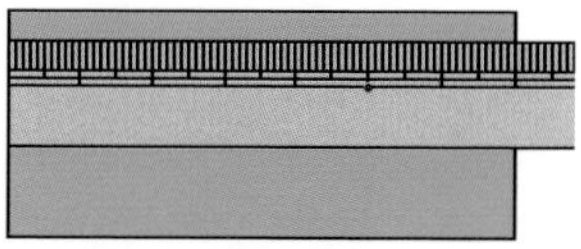

(　　　)

3 ものさしを つかって，線《せん》の 長さを はかりましょう。

1つ10 [20点]

①

(　　　　cm)

②

(　　　　)

13 長さの たんい ①

4 □に あう 数《かず》や ことばを 書《か》きましょう。 1つ8［24点《てん》］

右の 図《ず》の ㋑の 長《なが》さは，1cmを 同《おな》じ 長さに 10に 分《わ》けた 1つ分《ぶん》の 長さです。

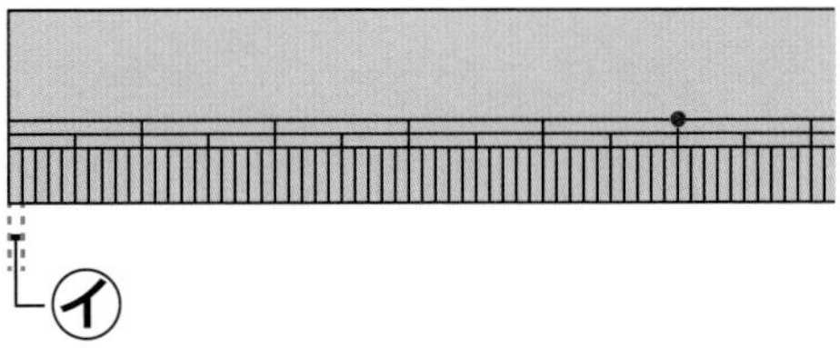

［1ミリメートル］と いい，［1mm］と 書きます。

1cm=□mmです。

5 左はしから，㋒，㋓，㋔，㋕までの 長さは，それぞれ どれだけですか。 1つ5［20点］

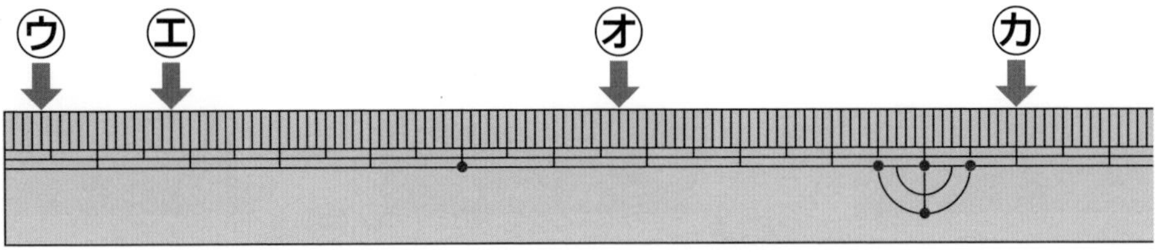

㋒（　　　　）　㋓（　　　　）

㋔（　　　　）　㋕（　　　　）

6 けしゴムの 長さは 何《なん》cm何mmですか。 ［6点］

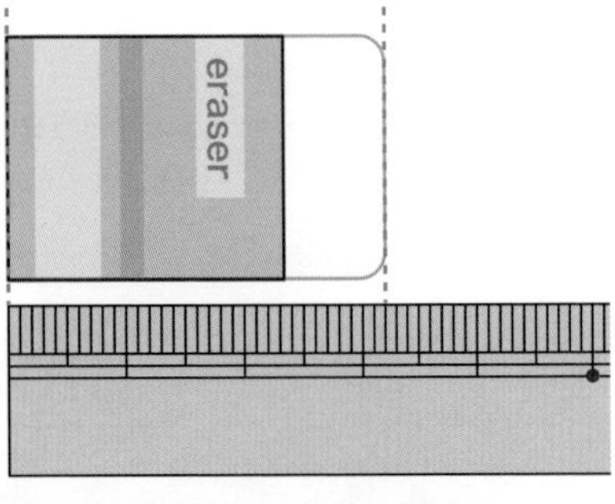

（　　　　）

答え 68ページ

月　日　点

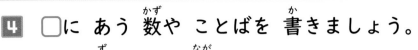

14 長さの たんい ②

直線・cmとmmの関係

名前

1 □に あう 数《かず》を 書《か》きましょう。

1つ5［25点《てん》］

① 3cm=□mm

② 90mm=□cm

③ 6cm2mm=□mm

④ 87mm=□cm□mm

1cm=10mmだったね。
① 3cmは 1cmの 3つ分《ぶん》。
だから，10mmの 3つ分で……。

③は，6cmと 2mmに 分《わ》けて 考《かんが》えよう。
6cm=60mmだから
60mmと 2mmを
あわせるよ。

2 まっすぐな 線《せん》を 直線《ちょくせん》と いいます。下の 直線の 長《なが》さは 何《なん》cm何mmですか。また，何mmですか。

1つ5［45点］

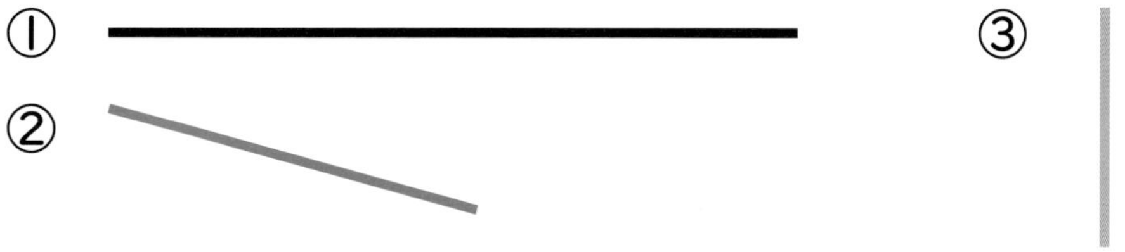
①
②
③

① □cm□mm，□mm

② □cm□mm，□mm

③ □cm□mm，□mm

ものさしで
はかってみよう。

14 長さの たんい ②

3 つぎの 長《なが》さの 直線《ちょくせん》を ひきましょう。 1つ5［10点《てん》］

① 2cm9mm

② 76mm

ものさしを しっかり おさえて，
ずれたり まがったり しないように
気を つけて 線を ひこう。

4 ㋐から ㋑までの 長さは 何《なん》cm何mmですか。

また，何mmですか。 1つ5［15点］

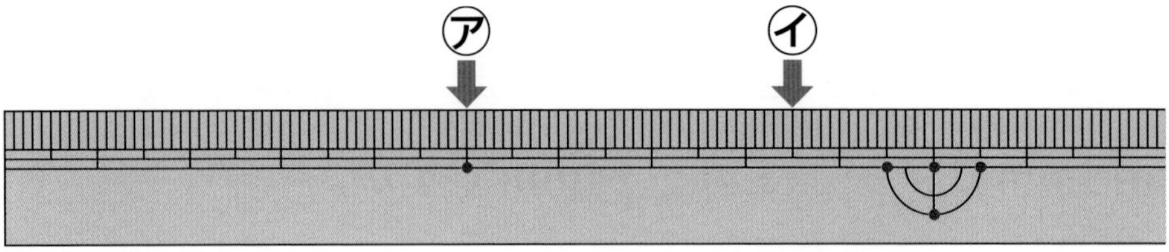
㋐
㋑

□cm□mm，□mm

5 長い じゅんに ならべましょう。 ［5点］

5cm　35mm　5cm3mm

（　　　，　　　，　　　）

答え 69ページ

月　日　点

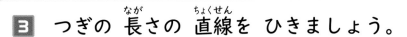

15 長さの 計算

長さのたし算・ひき算

名前

1　㋐の 線《せん》と ㋑の 線の 長《なが》さを くらべましょう。　1つ4［36点《てん》］

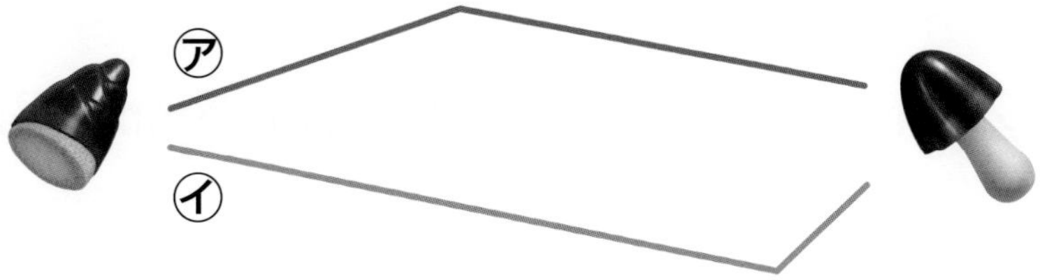

① ㋐の 線の 長さは 何《なん》cmですか。

3 cm＋4cm＝□cm

②では，
6cm＋1cmのように，
同《おな》じ たんいの 数《かず》どうしを
たして いるね。

② ㋑の 線の 長さは 何cm何mmですか。

□cm＋□cm2mm＝□cm□mm

③ どちらの 線が どれだけ 長いでしょうか。

7cm2mm－7cm＝□mmだから，

□の 線の ほうが □mm 長い。

2　つぎの 計算《けいさん》を しましょう。　1つ7［14点］

① 15cm＋4cm＝　　② 4mm－3mm

15 長さの 計算

3 つぎの 計算《けいさん》を しましょう。　1つ5［50点《てん》］

① 2mm+6mm　　② 14cm−8cm

③ 1cm2mm+7mm　　④ 4cm5mm−3mm

⑤ 14cm9mm+2cm　　⑥ 18cm9mm−9cm

⑦ 8mm+13cm1mm　　⑧ 3cm7mm−5mm

⑨ 5cm6mm+4cm1mm　　⑩ 9cm9mm−2cm4mm

たし算《ざん》かな？
ひき算かな？
まず これを かくにん！

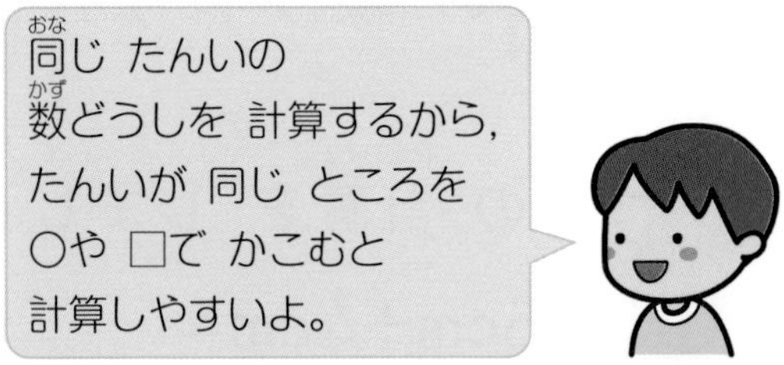
同《おな》じ たんいの
数《かず》どうしを 計算するから，
たんいが 同じ ところを
○や □で かこむと
計算しやすいよ。

答え 70ページ

月　日　点

16 長い ものの 長さの たんい

長さの単位mやその計算

名前

1 □に あう 数《かず》や ことばを 書《か》きましょう。 1つ4［8点《てん》］

100cmの ことを，［メートル］と いう たんいを

つかって ［1m］と 書きます。

1m＝100cm

2 1mの ものさしの 左はしから，㋐，㋑，㋒，㋓までの

長《なが》さは，それぞれ どれだけですか。 1つ4［16点］

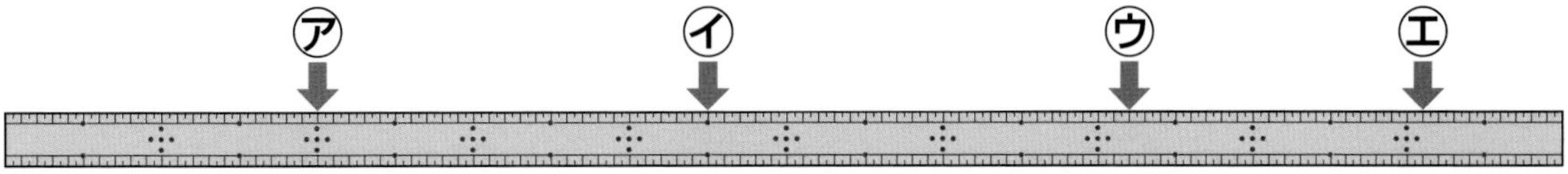

㋐（　　　　）　㋑（　　　　）

㋒（　　　　）　㋓（　　　　）

3 □に あう 数を 書きましょう。 1つ4［12点］

こくばんの よこの 長さを はかったら，1mの ものさしで

3つ分《ぶん》と 60cmでした。こくばんの よこの 長さは

□m□cmで，□cmとも あらわせます。

1mの 3つ分は 3m

1m＝100cmだから，3m＝300cm。
300cmと 60cmを あわせると……。

16 長い ものの 長さの たんい

4 □に あう 数《かず》を 書《か》きましょう。　1つ5［40点《てん》］

① 5m=□cm　② 200cm=□m

③ 8m70cm=□cm　④ 395cm=□m□cm

⑤ 6m1cm=□cm　⑥ 408cm=□m□cm

5 つぎの 計算《けいさん》を しましょう。　1つ4［16点］

① 6m20cm+3m　② 7m10cm−2m

③ 4m60cm+30cm　④ 5m95cm−5cm

6 □に あう 長《なが》さの たんいを 書きましょう。　1つ4［8点］

① いすの 高《たか》さ　45□

② バスの 長さ　9□

これまでに 学んだ
cm，mm，mの
どれかが あてはまるよ。
いすや バスは
どのくらいの 大きさかな。

答え 71ページ

月　日　点

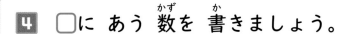

17 水の かさの たんい ①

dLとL

名前

1 □に あう 数《かず》や ことばを 書《か》きましょう。 1つ4 [8点《てん》]

水などの かさは，[デシリットル] と いう かさの たんいを つかって あらわします。1デシリットルは，[1dL] と 書きます。

2 つぎの 水とうの 水の かさは，それぞれ 1dLの いくつ分《ぶん》で，何《なん》dLですか。 1つ5 [20点]

①

1dLの □ つ分

□ dL

②

1dLの □ つ分

□ dL

3 **2**の 水とうは，どちらの ほうが 何dL 多《おお》く 入りますか。 1つ5 [10点]

□ の 水とうの ほうが，□ dL 多く 入ります。

17 水の かさの たんい ①

4 □に あう 数《かず》や ことばを 書《か》きましょう。 1つ6［18点《てん》］

大きな かさは，［リットル］と いう たんいを つかって あらわします。

1リットルは，［1L］と 書きます。1L＝［10］dLです。

5 つぎの 入れものに 入る 水の かさを，それぞれ 2つの あらわし方《かた》で 書きましょう。 1つ4［44点］

①

□L

□dL

②

□L□dL

□dL

③

□L□dL

□dL

④
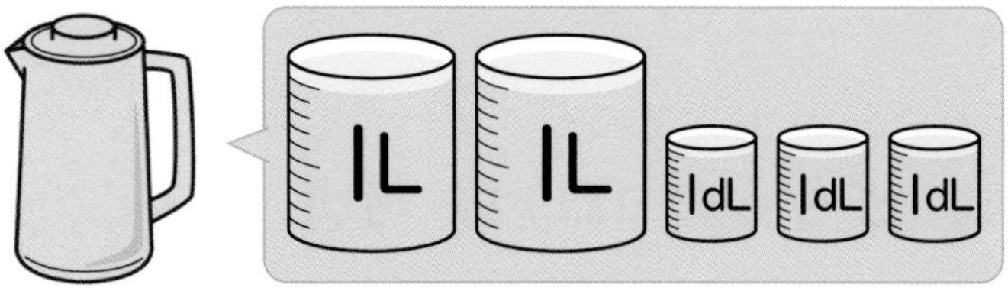

□L□dL

□dL

答え 72ページ

月 日 点

18 水の かさの たんい ②

mLと，かさの計算

名前

1 □に あう 数《かず》や ことばを 書《か》きましょう。　1つ10［30点《てん》］

小さい かさは，［ミリリットル］と いう たんいを つかって あらわします。

1ミリリットルは，［1mL］と 書きます。

1L=［1000］mLです。

水の かさの たんいでは
dL，L，mLを
学んだね。

2 □に あう 数を 書きましょう。　1つ3［30点］

① 3L=□dL　　② 50dL=□L

③ 1L7dL=□dL　　④ 3L8dL=□dL

（1L → 10dL）

③は，
10dLと 7dLを
あわせて……。

⑤ 29dL=□L□dL　　⑥ 41dL=□L□dL

（29dL → 20dL と 9dL，20dL → 2L）

⑤は，
2Lと 9dLを
あわせて……。

⑦ 1000mL=□L　　⑧ 1dL=□mL

18 水の かさの たんい ②

3 つぎの 計算《けいさん》を しましょう。　1つ4［40点《てん》］

① 4dL＋3dL　　② 100mL＋20mL

③ 2L＋1L5dL　　④ 6L8dL＋3L

⑤ 4dL＋9L3dL　　⑥ 7L1dL＋6dL

⑦ 9L1dL−4L　　⑧ 1L8dL−1dL

⑨ 2L6dL＋5L2dL　　⑩ 8L7dL−4L2dL

まずは
たし算《ざん》か ひき算か
かくにんしよう。

同《おな》じ たんいの
数《かず》どうしを 計算するよ。
たんいが 同じ ところを
○や □で かこむと
計算しやすいね。

答え 73ページ

月　日　点

チョコっと ひとやすみ

形の ぬりえ
・たからさがし

○形《かたち》の ぬりえ○

○《まる》の なかまを 青，△《さんかく》の なかまを みどり，□《しかく》の なかまを 黄《き》色《いろ》で ぬりましょう。

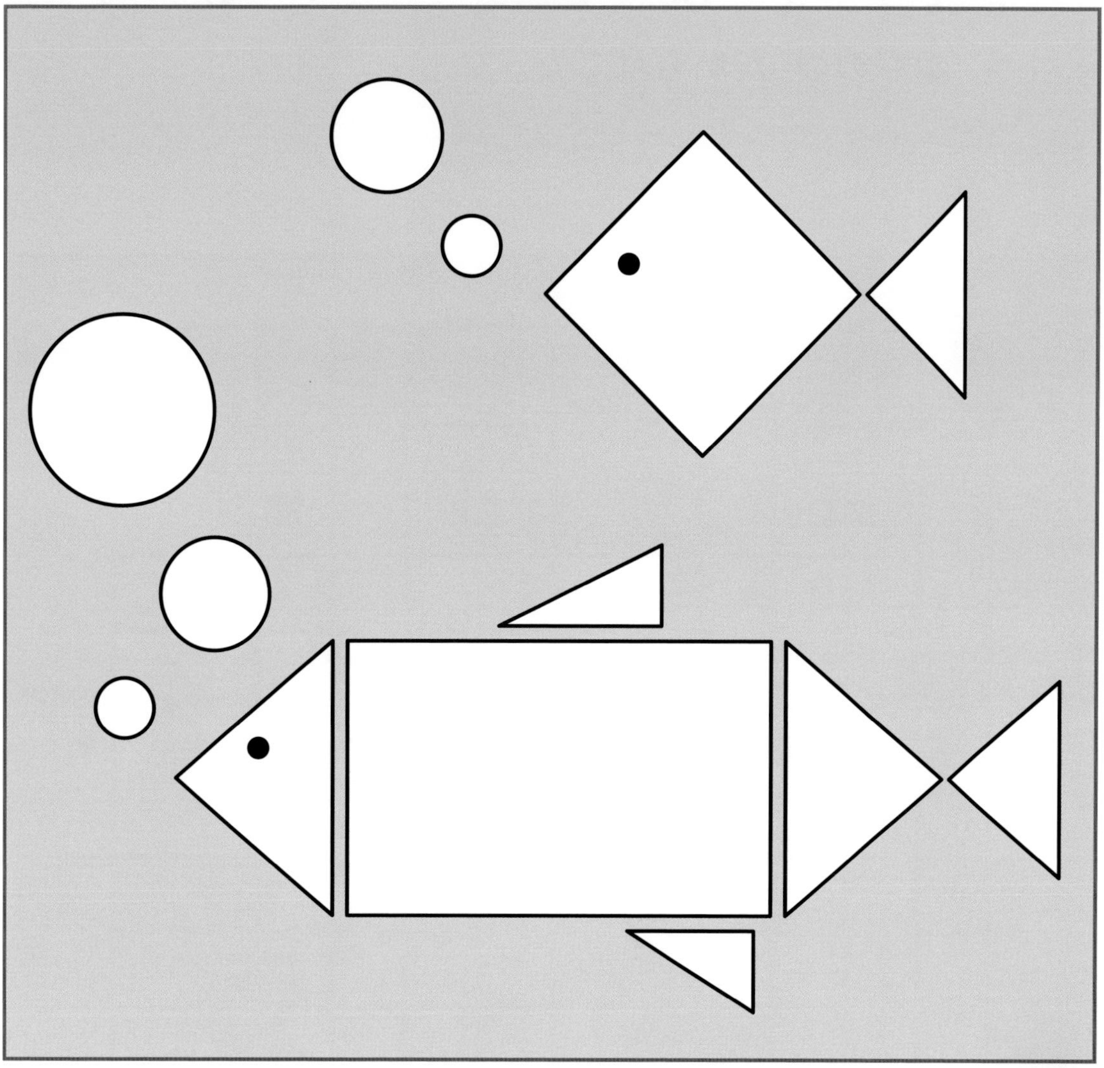

○たからさがし○

ヒントを 読《よ》んで，本ものの たからばこを ○で かこみましょう。

ヒント

① スタートから 右に 10cm すすむ。

② そこから 上に 9cm すすむ。

③ さらに 左に 3cm すすんだ ところに あるのが 本ものの たからばこだ。

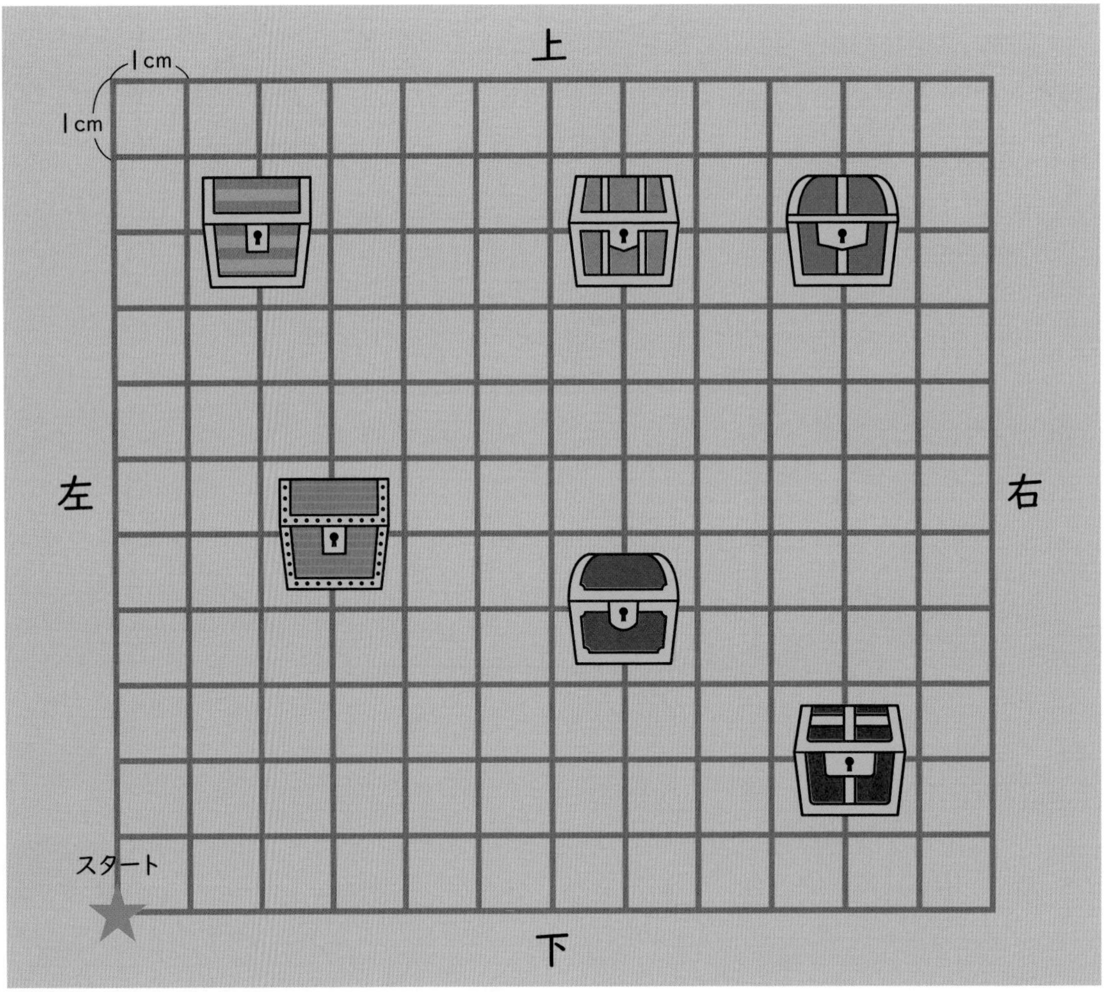

19 三角形と 四角形

三角形・四角形と，辺・頂点

名前

1 □に あう ことばを 書《か》きましょう。 1つ9［36点《てん》］

3本の 直線《ちょくせん》で かこまれた 形《かたち》を，［三角形《さんかくけい》］と いいます。

4本の 直線で かこまれた 形を，［四角形《しかくけい》］と いいます。

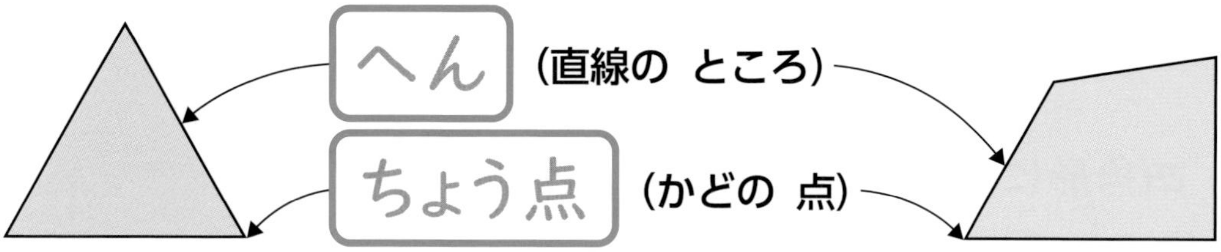

へん
(直線の ところ)
ちょう点
(かどの 点)

2 三角形と 四角形を 見つけて，記《き》ごうで 答《こた》えましょう。

1つ8［16点］

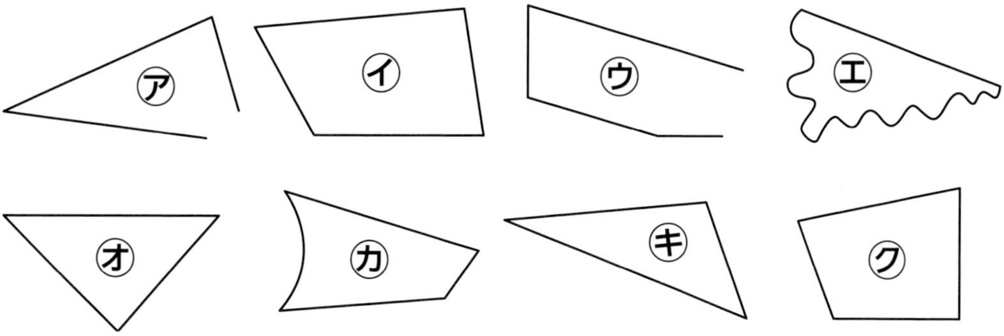

ア
イ
ウ
エ
オ
カ
キ
ク

直線で かこまれて いるかな？
直線は，何本《なんぼん》 あるかな？

三角形（　　　　　　　　　　）

四角形（　　　　　　　　　　）

19 三角形と 四角形

3 右の 三角形《さんかくけい》を 見て，□に あう 数《かず》を 書《か》きましょう。

1つ8［16点《てん》］

三角形には，へんが □ つ，

ちょう点が □ つ あります。

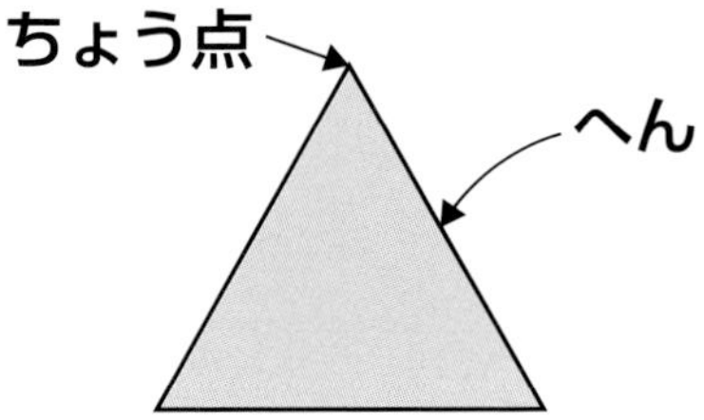

4 右の 四角形《しかくけい》を 見て，□に あう 数を 書きましょう。

1つ8［16点］

四角形には，へんが □ つ，

ちょう点が □ つ あります。

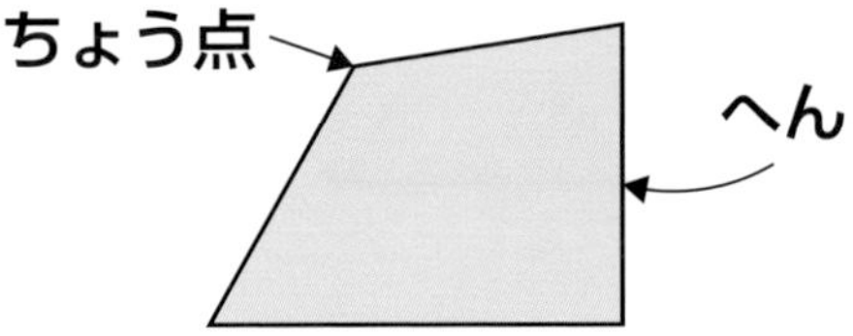

5 へんを かきたして，三角形と 四角形を かきましょう。

1つ8［16点］

① 三角形

② 四角形

答え 75ページ

月　日　点

20 長方形と 正方形

直角・長方形・正方形・直角三角形

名前

1 □に あう ことばを 書《か》きましょう。 1つ10［40点《てん》］

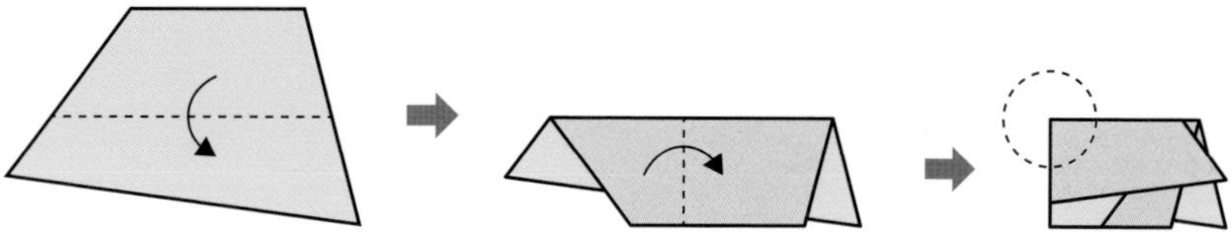

① 上のように 紙《かみ》を おって できる かどの 形《かたち》を 直角《ちょっかく》 と いいます。

② 右のように 4つの かどが みんな 直角に なって いる 四角形《しかくけい》を, 長方形《ちょうほうけい》 と いいます。

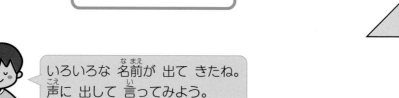

③ 右のように 4つの かどが みんな 直角で, 4つの へんの 長《なが》さが みんな 同《おな》じに なって いる 四角形を, 正方形《せいほうけい》 と いいます。

直角の かど

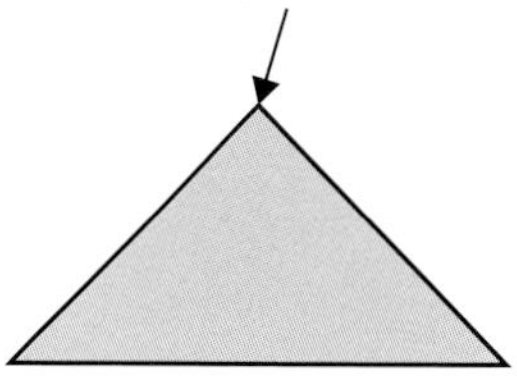

④ 右のように, 直角の かどが ある 三角形を, 直角三角形《ちょっかくさんかくけい》 と いいます。

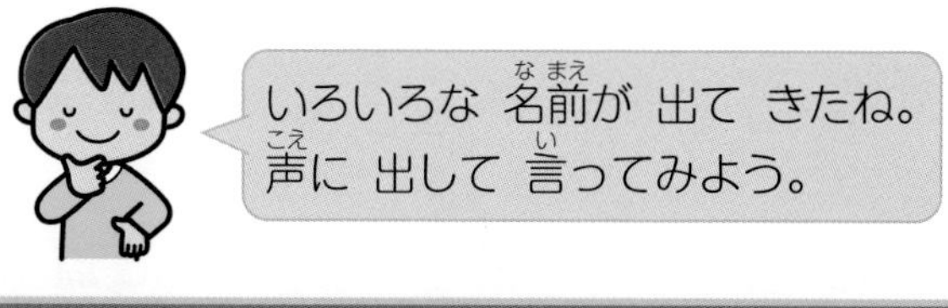

20 長方形と 正方形

2 長方形《ちょうほうけい》は どれですか。　[15点《てん》]

(　　　　)

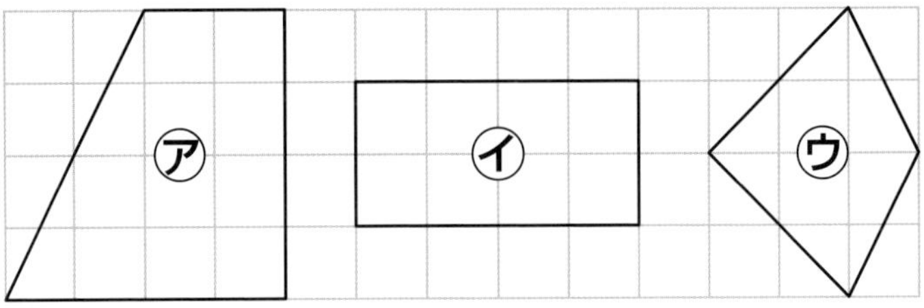

3 正方形《せいほうけい》は どれですか。　[15点]

(　　　　)

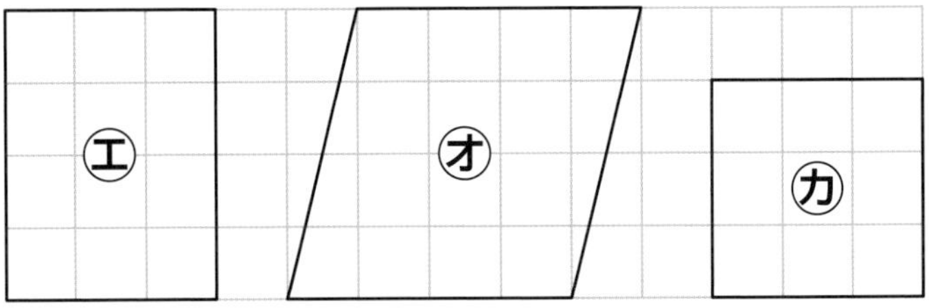

4 直角三角形《ちょっかくさんかくけい》は どれですか。　[15点]

(　　　　)

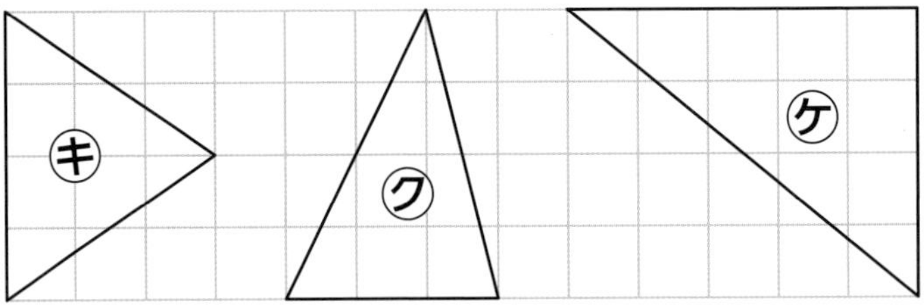

5 右の 形《かたち》は，長方形です。
　コの へんの 長《なが》さは 何《なん》cmですか。

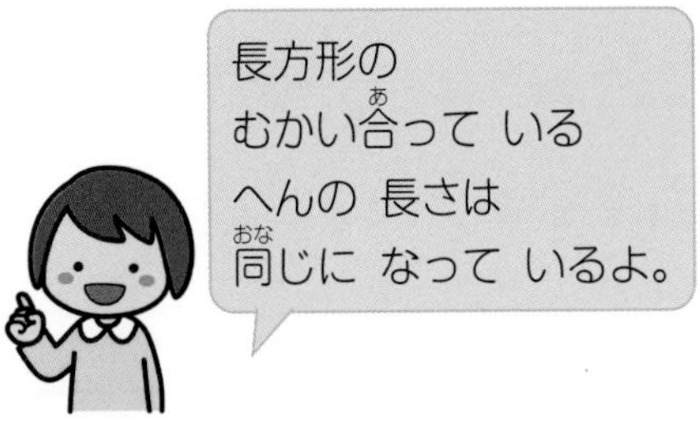

[15点]

(　　　　)

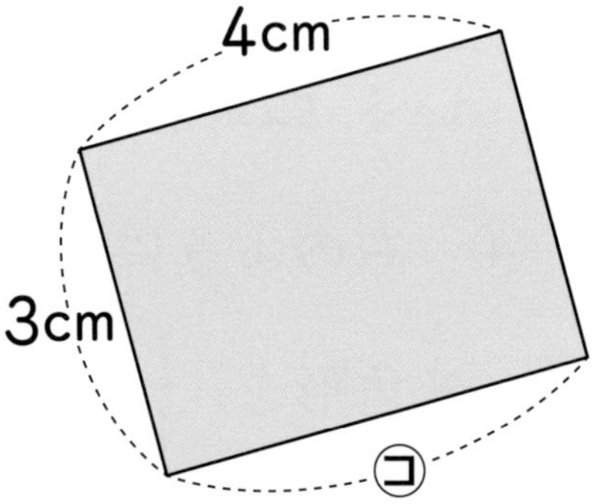

答え 76ページ

月　　日　　点

21 はこの 形

箱の形・頂点・辺

名前

1 □に あう 数《かず》を 書《か》きましょう。　1つ8［24点《てん》］

① 右のような はこの 形《かたち》には

長方形《ちょうほうけい》の 面《めん》が □つ あります。

同《おな》じ 形の 面は，□つずつ あります。

② 右のような はこの 形は，

面の 形が みんな 同じです。

面は □つ あります。

2 同じ 形の 面を 2つずつ つかって，下のように テープで つなぎました。はこを 組《く》み立てる ことは できますか。　1つ8［16点］

①

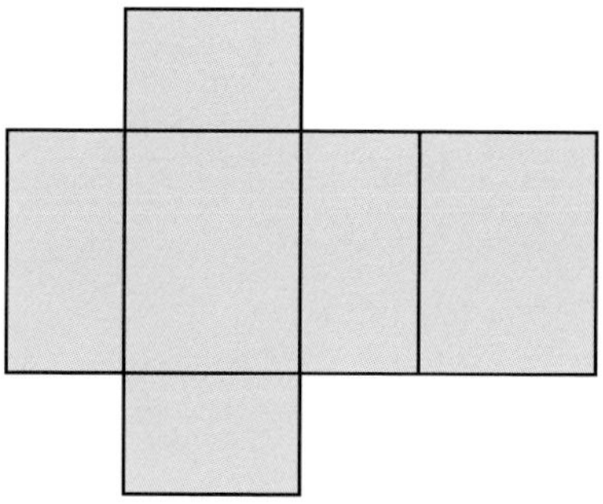

（　　　　　）

②

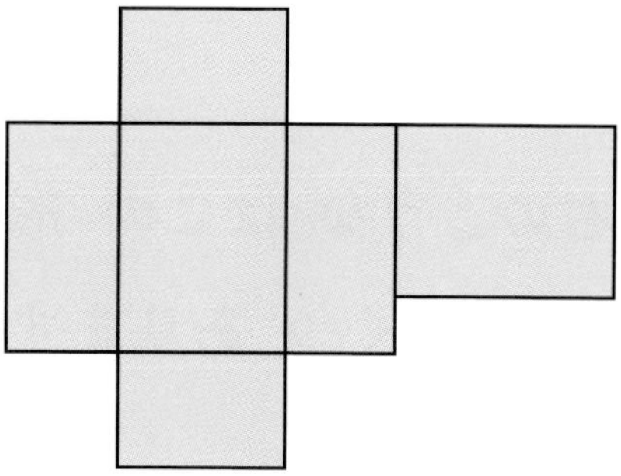

（　　　　　）

21 はこの 形

3 ひごと ねん土玉を つかって，右の はこの 形《かたち》を 作《つく》ります。□に あう 数《かず》を 書《か》きましょう。 1つ9［36点《てん》］

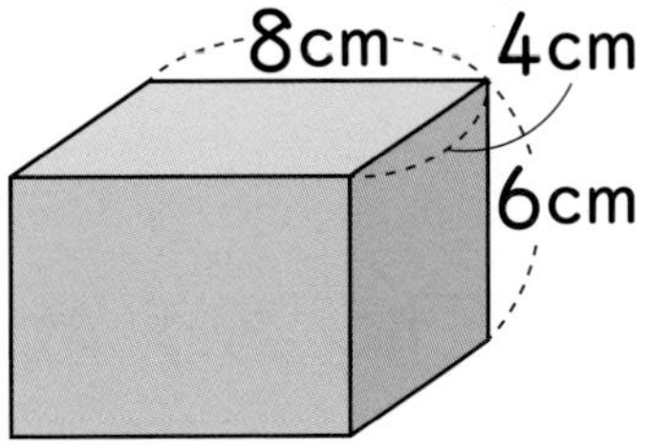
8cm
4cm
6cm

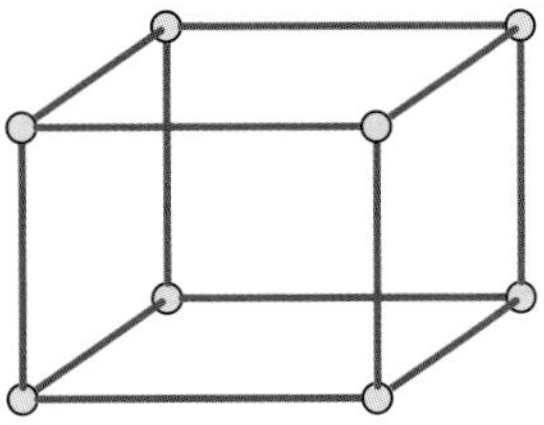

① 4cmの ひごを □ 本

6cmの ひごを □ 本

8cmの ひごを □ 本 よういします。

② ねん土玉は，□ こ よういします。

4 はこの 形には，へん，ちょう点が，それぞれ いくつ ありますか。 1つ8［16点］

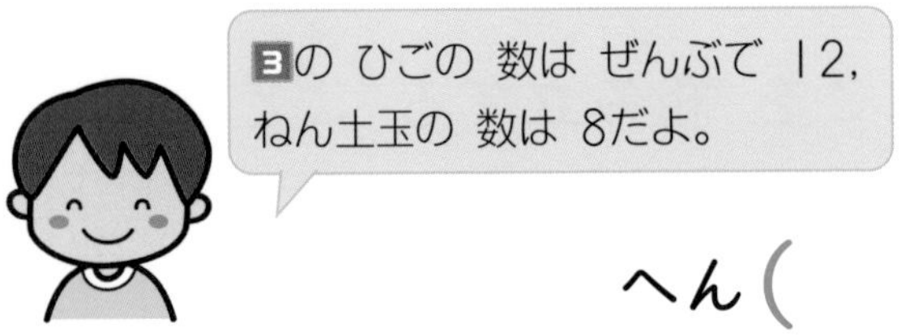
3の ひごの 数は ぜんぶで 12，
ねん土玉の 数は 8だよ。

へん（　　　） ちょう点（　　　）

5 右のような はこの 形には，3cmの へんが いくつ ありますか。 ［8点］

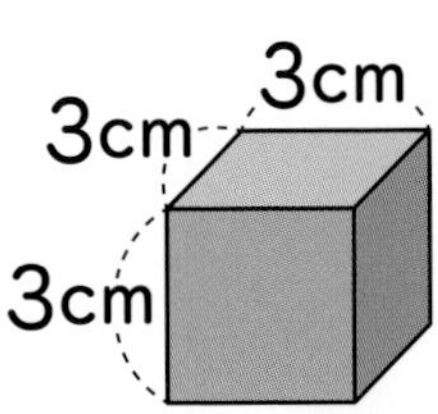
3cm
3cm
3cm

（　　　）

答え 77ページ

月　日　点

22 2年生の まとめ

2年生の数・量・図形のまとめ

名前

1 □に あう 数《かず》を 書《か》きましょう。　1つ5［40点《てん》］

① 321は，100を □ こ，10を □ こ，
1を □ こ あわせた 数です。

② 100を 95こ あつめた 数は □ です。

③ 1時間《じかん》は □ 分，午前《ごぜん》は □ 時間，
午後《ごご》は □ 時間，1日は □ 時間です。

2 つぎの 計算《けいさん》を しましょう。　1つ4［24点］

① 70+80

② 600−400

③ 3cm6mm+5cm

④ 2m90cm−10cm

⑤ 6dL+9L2dL

⑥ 8L7dL−2L

22 2年生の まとめ

3 □に あう ＞，＜，＝を 書《か》きましょう。 1つ4 [16点《てん》]

① 512 □ 215　② 2932 □ 2976

③ 999 □ 1001　④ 470−70 □ 400

4 つぎの 時《じ》こくを 答《こた》えましょう。 1つ4 [8点]

午前《ごぜん》

30分後《ぷんあと》の 時こく

(　　　　)

1時間前《じかんまえ》の 時こく

(　　　　)

5 右のような はこの 形《かたち》が あります。

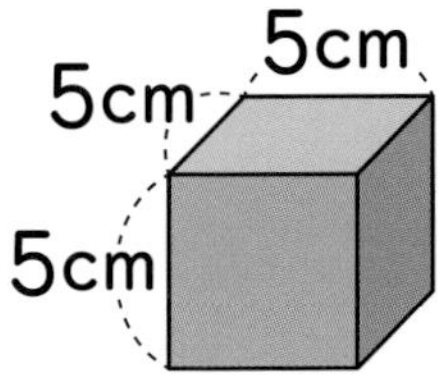
5cm
5cm
5cm

1つ4 [12点]

① たて5cm，よこ5cmの 正方形《せいほうけい》の 面《めん》は，いくつ ありますか。 (　　)

② 5cmの へんは いくつ ありますか。 (　　)

③ ちょう点は いくつ ありますか。 (　　)

もんだいは これで さいごだよ。

よく がんばったね！

答え 78ページ

月　日　点

おかしなドリル

小学2年 数・りょう・図形

答《こた》えと てびき

答えあわせを しよう!
まちがえた もんだいは
どうして まちがえたか 考《かんが》えて
もういちど といてみよう。
もんだいと 同《おな》じように
切《き》りとって つかえるよ。

1 3けたの 数 ①

百の位・十の位・一の位

名前

1 何《なん》こ ありますか。 1つ5［35点《てん》］

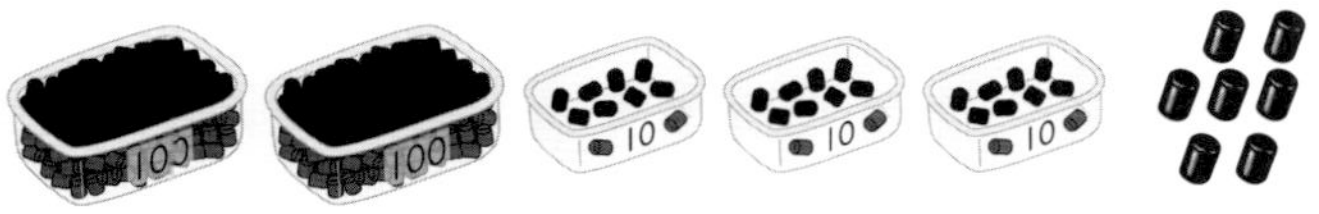

100が [2] こ，10が [3] こ，1が [7] こ

あるので，あわせて [237] こ あります。

百のくらい	十のくらい	一のくらい
2	3	7

かん字で 書《か》くと
二百三十七
だよ。

2 数字《すうじ》で 書きましょう。 1つ5［15点］

① 三百八十一

（ 381 ）

② 六百五

（ 605 ）

③ 九百十

（ 910 ）

★十の位や一の位が0になる数は，0を省略して書いてしまいやすいです。注意しましょう。

②は 何十が
ないから，
十のくらいの
数字は
0だよ。

1 3けたの 数 ①

3 何《なん》こ ありますか。 ［15点《てん》］

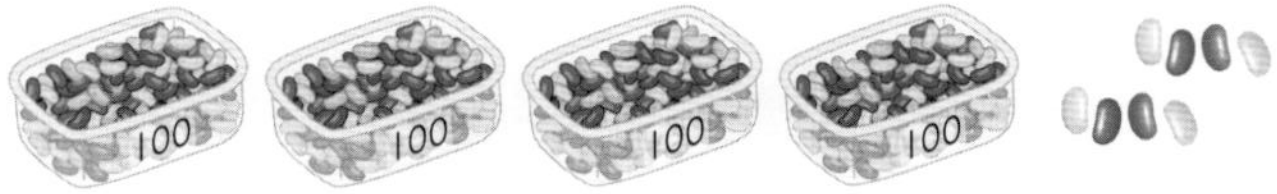

10こ入りの 入れものが ないから，
十のくらいの 数字《すうじ》は 0だね。

（ 408 ）こ

4 □に あう 数《かず》を 書《か》きましょう。 1つ5［35点］

① 289は，100を [2] こ，10を [8] こ，1を [9] こ あわせた 数です。

② 570は，100を [5] こ，10を [7] こ あわせた 数です。

③ 百のくらいの 数字が 7，十のくらいの 数字が 0，一のくらいの 数字が 3の 数は，[703] です。

④ 百のくらいの 数字が 8，十のくらいの 数字が 6，一のくらいの 数字が 0の 数は，[860] です。

答え 56ページ

月　日　点

2 3けたの 数 ②

10をもとにした考え方・数の線・千

名前

1 10を 18こ あつめた 数《かず》は いくつですか。 [8点《てん》]

10が 18こ ＜ 10が 10こ ➡ 100 ／ 10が 8こ ➡ 80 ＞ 180

100と 80を あわせると……。

2 240は，10を 何《なん》こ あつめた 数ですか。 [8点]

240 ＜ 200 ➡ 10が 20こ ／ 40 ➡ 10が 4こ ＞ 10が 24 こ

20と 4を あわせると……。

3 下の 数の線《せん》を 見て 答《こた》えましょう。 1つ7［21点］

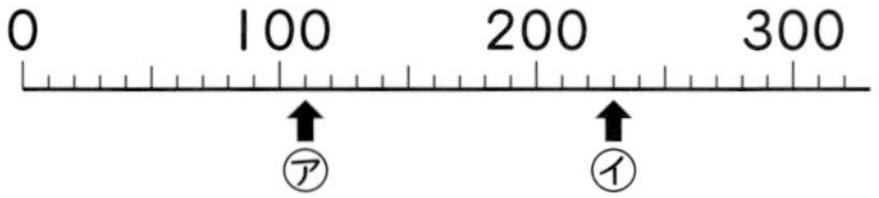
0
100
200
300
㋐
㋑

★数の線の問題では，まず「1めもりがいくつか」を確認しましょう。

① いちばん 小さい 1めもりは いくつですか。

0から 100の 間《あいだ》を 10に 分《わ》けて いるね。

（ 10 ）

② ㋐，㋑に あう 数を 答えましょう。

㋐（ 110 ） ㋑（ 230 ）

2 3けたの 数 ②

4 □に あう 数《かず》や ことばを 書《か》きましょう。 1つ7［35点《てん》］

① 10を 13こ あつめた 数は 130 です。

② 450は，10を 45 こ あつめた 数です。

③ 百を 10こ あつめた 数を 千《せん》 と いい，1000 と 書きます。

④ 999より 1 大きい 数は 1000 です。

1000と いう 新《あたら》しい 数が 出てきたね。

5 □に あう 数を 書きましょう。 1つ7［28点］

①

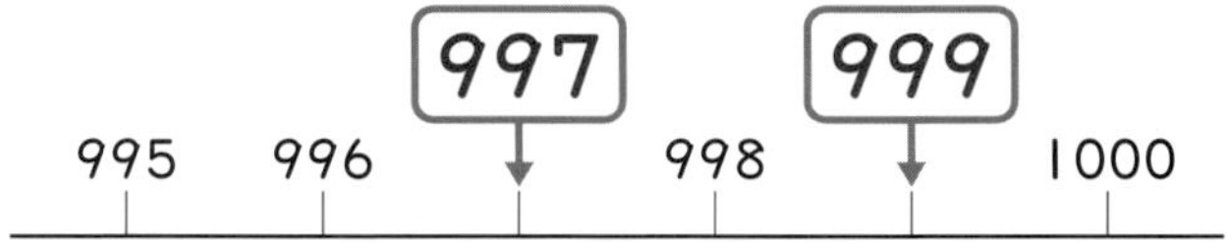
997
999
995
996
998
1000

②

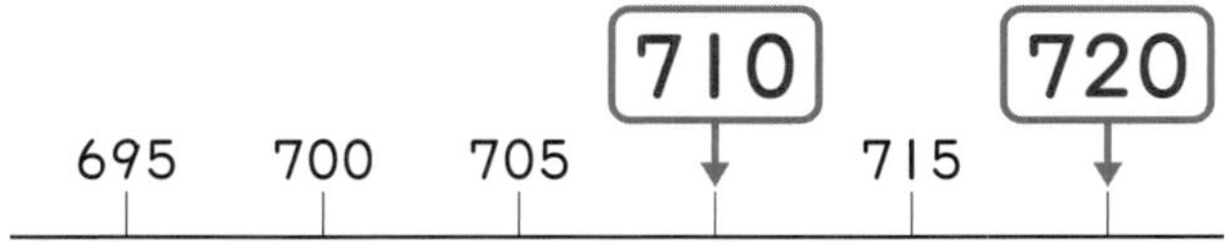
710
720
695
700
705
715

数の線《せん》の 1めもりが，①は 1，②は 5に なって いるよ。

答え 57ページ

月　日　　点

3 何十，何百の 計算 ①

10や100のまとまりで考える計算

名前

1 40+80の 計算《けいさん》の しかたを 考《かんが》えましょう。 1つ4［16点《てん》］

10の まとまりが，［4］こと［8］こを あわせて
［12］こだから，40+80=［120］です。

★10円玉や，10枚の紙の束などをイメージしてみましょう。

2 110−50の 計算の しかたを 考えましょう。 1つ4［16点］

10の まとまりが，［11］こから［5］こを ひいて
［6］こだから，110−50=［60］です。

3 つぎの 計算を しましょう。 1つ4［16点］

① 70+70=140　② 90+60=150
③ 120−30=90　④ 160−80=80

3 何十，何百の 計算 ①

4 300+400の 計算《けいさん》の しかたを 考《かんが》えましょう。 1つ4［16点《てん》］

100の まとまりが，［3］こと［4］こを あわせて
［7］こだから，300+400=［700］です。

★100円玉や，100枚の紙の束などをイメージしてみましょう。

5 800−600の 計算の しかたを 考えましょう。 1つ4［16点］

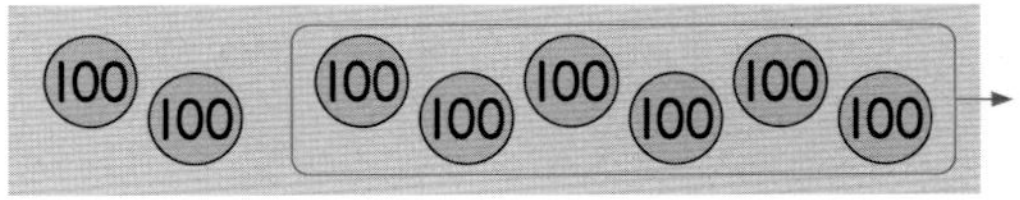

100の まとまりが，［8］こから［6］こを ひいて
［2］こだから，800−600=［200］です。

6 つぎの 計算を しましょう。 1つ5［20点］

① 800+100=900　② 300+700=1000
③ 600−200=400　④ 1000−500=500

答え 58ページ

月　日　点

4 何十，何百の 計算 ②

3けたの数を含む計算・大小比較

名前

■1 つぎの 計算《けいさん》をしましょう。 1つ4［40点《てん》］

① 300+50=350

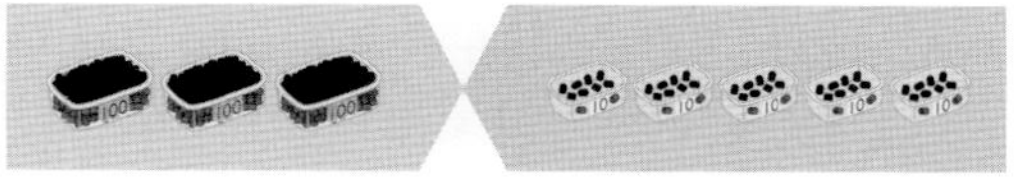

② 630−30=600

③ 200+4=204

10や 100の まとまりで 考《かんが》えよう！

④ 502−2=500

⑤ 700+10=710　⑥ 900+60=960

⑦ 820−20=800　⑧ 400+8=408

⑨ 507−7=500　⑩ 303−3=300

4 何十，何百の 計算 ②

■2 513と 478の 大きさを くらべましょう。 1つ4［20点《てん》］

百	十	一
5	1	3
4	7	8

いちばん 大きい 百 のくらいの 数字《すうじ》が 5 と 4 で，5は 4よりも 大きい から，513 > 478です。

まず いちばん 大きい 百のくらいの 数字を くらべて，同《おな》じだったら，つぎに 大きい 十のくらいの 数字を くらべるよ。それも 同じだったら，一のくらいの 数字を くらべよう。

513>478は「513は，478より 大きい。」478<513は「478は，513より 小さい。」

★大きい位から順にくらべることを徹底しましょう。

■3 □に あう >，<，＝を 書《か》きましょう。 1つ5［40点］

① 281 < 965　② 392 > 367

③ 874 > 858　④ 213 < 219

⑤ 654 < 657　⑥ 101 > 99

⑦ 902 ＝ 900+2　⑧ 740−40 < 704

答え 59ページ

月　日　点

5 4けたの 数 ①

千の位・百の位・十の位・一の位

名前

■1 何《なん》こ ありますか。　1つ4 [36点《てん》]

1000
1000
1000
100
10
10
10
10

1000が 3 こ，100が 1 こ，10が 4 こ，

1が 5 こ あるから，あわせて 3145 こ あります。

千のくらい	百のくらい	十のくらい	一のくらい
3	1	4	5

かん字で 書《か》くと 三千百四十五だよ。

■2 数字《すうじ》で 書きましょう。　1つ4 [12点]

① 四千三百九十一
（ 4391 ）

② 六千八百二
（ 6802 ）

③ 七千八十九
（ 7089 ）

★考え方は，「3桁の数」と同じです。桁数が増えるとミスも増えるので，注意しましょう。

②は 何十が なくて，
③は 何百が ないね。

5 4けたの 数 ①

■3 かん字で 書《か》きましょう。　1つ4 [12点《てん》]

① 8256 （ 八千二百五十六 ）

② 2000 （ 二千 ）

③ 5008 （ 五千八 ）

■4 □に あう 数《かず》を 書きましょう。　1つ5 [40点]

① 4598は，1000を 4 こ，100を 5 こ，10を 9 こ，1を 8 こ あわせた 数です。

② 1040は，1000を 1 こ，10を 4 こ あわせた 数です。

③ 千のくらいの 数字《すうじ》が 7，百のくらいの 数字が 6，十のくらいの 数字が 0，一のくらいの 数字が 3の 数は，7603 です。

④ 千のくらいの 数字が 9，百のくらいの 数字が 1，十のくらいの 数字が 2，一のくらいの 数字が 0の 数は，9120 です。

答え 60ページ

月　日　点

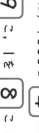

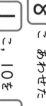

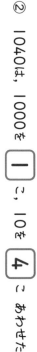

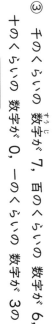

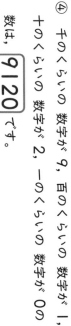

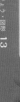

6 4けたの 数 ②

100をもとにした考え方・何百の計算

名前

1 100を 12こ あつめた 数《かず》は いくつですか。 [6点《てん》]

100が 12こ ＜ 100が 10こ ➡ 1000 ／ 100が 2こ ➡ 200 ＞ **1200**

1000と 200を あわせると……。

2 3600は，100を 何《なん》こ あつめた 数ですか。 [6点]

3600 ＜ 3000 ➡ 100が 30こ ／ 600 ➡ 100が 6こ ＞ 100が **36** こ

30と 6を あわせると……。

3 □に あう 数を 書《か》きましょう。 1つ6 [24点]

① 100を 48こ あつめた 数は **4800** です。

② 9700は，100を **97** こ あつめた 数です。

③ 100を 60こ あつめた 数は **6000** です。

④ 7000は，100を **70** こ あつめた 数です。

★③は600，④は7と間違えやすい問題です。
①や②と同じように考えましょう。

4 700+400の 計算《けいさん》の しかたを 考《かんが》えましょう。 1つ5 [20点《てん》]

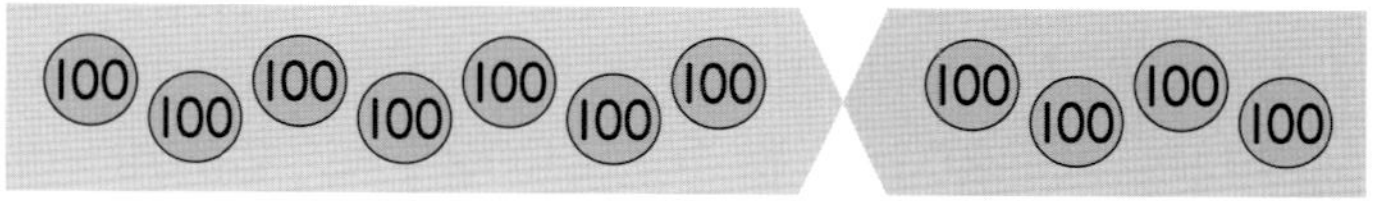

100の まとまりが，**7** こと **4** こを あわせて **11** こだから，700+400=**1100** です。

5 900−200の 計算の しかたを 考えましょう。 1つ5 [20点]

100の まとまりが，**9** こから **2** こを ひいて **7** こだから，900−200=**700** です。

6 つぎの 計算を しましょう。 1つ6 [24点]

① 500+800=1300　② 600+600=1200

③ 800−400=400　④ 1000−300=700

答え61ページ　月　日　点

7 4けたの 数 ③

万・数の線・大小比較

名前

1 □に あう 数《かず》や ことばを 書《か》きましょう。　1つ5［20点《てん》］

① 千を 10こ あつめた 数を ［一万《いちまん》］ と いい，

［10000］ と 書きます。

② 9990は，あと ［10］ で 10000に なります。

③ 10000は，100を ［100］ こ あつめた 数です。

2 下の 数の線《せん》を 見て 答《こた》えましょう。　1つ4［16点］

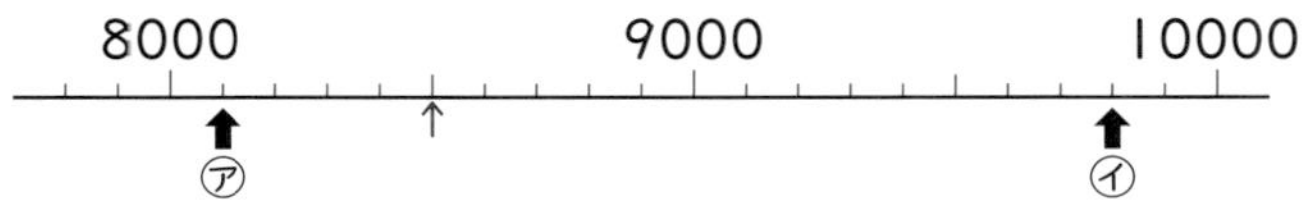
8000
9000
10000
㋐
㋑

① いちばん 小さい 1めもりは いくつですか。

8000から 9000の 間《あいだ》を 10に 分《わ》けて いるね。

（　100　）

② ㋐，㋑に あう 数を 答えましょう。

㋐（　8100　）　㋑（　9800　）

③ 8500を あらわす めもりに，↑を かきましょう。

★1めもりがいくつを表しているかが，問題によって異なります。

7 4けたの 数 ③

3 □に あう 数《かず》を 書《か》きましょう。　1つ4［24点《てん》］

① 9950　9960　［9970］　9980　［9990］　10000

② 3500　4000　4500　［5000］　5500　［6000］

③ 9995　［9996］　9997　9998　9999　［10000］

4 □に あう ＞，＜を 書きましょう。　1つ5［40点］

① 2965 ［＜］ 3874　② 9899 ［＞］ 8999

③ 5160 ［＜］ 5201　④ 3456 ［＜］ 3724

⑤ 8062 ［＞］ 8052　⑥ 7138 ［＜］ 7167

⑦ 4391 ［＜］ 4399　⑧ 1007 ［＞］ 997

答え 62ページ　　月　　日　　点

8 分けた 大きさ

分数

名前

1 同《おな》じ 大きさに なるように，チョコレートを 分《わ》けます。

1つ10［60点《てん》］

① 右のように，同じ 大きさに 2つに 分けた 1つ分《ぶん》を，もとの 大きさの

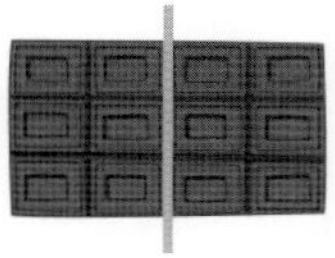

二《に》分《ぶん》の一《いち》 と いい，$\frac{1}{2}$ と 書《か》きます。

② 右のように，同じ 大きさに 4つに 分けた 1つ分を，もとの 大きさの

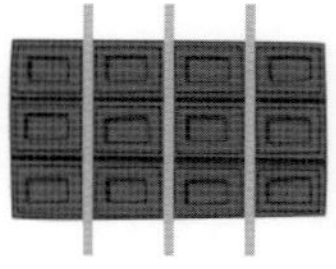

四《よん》分《ぶん》の一《いち》 と いい，$\frac{1}{4}$ と 書きます。

③ 右のように，同じ 大きさに 3つに 分けた 1つ分を，もとの 大きさの

三《さん》分《ぶん》の一《いち》 と いい，$\frac{1}{3}$ と 書きます。

1つの ものを 半分《はんぶん》に すると $\frac{1}{2}$，それを 半分に すると $\frac{1}{4}$，さらに 半分に すると $\frac{1}{8}$（八分《はちぶん》の一《いち》）に なるんだよ。

8 分けた 大きさ

2 テープの 長《なが》さを くらべましょう。

1つ8［24点《てん》］

① ㋐の テープの 3 つ分《ぶん》の 長さが，㋑の テープと 同《おな》じ 長さに なって います。

② ㋑の テープの 長さは，㋐の テープの 長さの 3 ばい。

③ ㋐の テープの 長さは，㋑の テープの 長さの $\frac{1}{3}$。

分数《ぶんすう》で 書《か》こう。

3 テープの 長さを くらべましょう。

1つ8［16点］

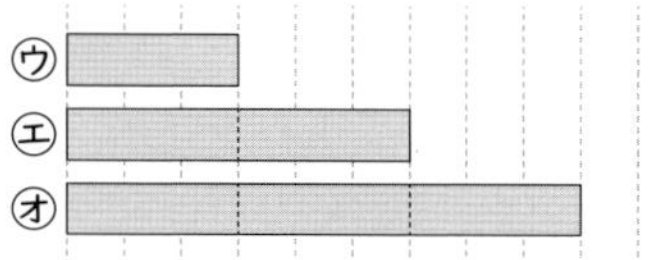

★「●が▲の何倍（何分の一）」という問題は，●と▲を逆にしてしまうミスをしやすいところです。意識して取り組みましょう。

① ㋒は，ある テープを 2つに 分《わ》けた 1つ分で，もとの 長さの $\frac{1}{2}$です。もとの 長さは ㋓，㋔の どちらですか。

（ ㋓ ）

② ㋒の テープの 長さは，㋔の テープの 長さの 何分《なんぶん》の一ですか。分数で 答《こた》えましょう。

（ $\frac{1}{3}$ ）

答え 63ページ

月 日

点

9 グラフと ひょう

データをグラフと表にまとめる

名前

1 おかしの 数《かず》を しらべましょう。　グラフ20，ひょう20［40点《てん》］

① おかしと その数を グラフに あらわします。グラフの つづきを かきましょう。

おかしと その数

アポロ	かじゅうグミ	きのこの山	ポイフル	マーブル
	○			
	○			○
○	○			○
○	○		○	○
○	○	○	○	○

② グラフの 数を，下の ひょうに あらわしましょう。

おかしと その数

おかし	アポロ	かじゅうグミ	きのこの山	ポイフル	マーブル
数	3	5	1	2	4

9 グラフと ひょう

2 おかしの 数《かず》を しらべて，グラフと ひょうに あらわしました。　1つ15［60点《てん》］

おかしと その数

おかし	たけのこの里《さと》	チョコベビー	バナナチョコ	プッカ
数	2	6	4	3

おかしと その数

たけのこの里	チョコベビー	バナナチョコ	プッカ
	○		
	○		
	○	○	
	○	○	○
○	○	○	○
○	○	○	○

① プッカは 何《なん》こですか。

（　3こ　）

② 数が いちばん 多《おお》いのは どの おかしですか。

（　チョコベビー　）

③ たけのこの里と バナナチョコでは どちらが 何こ 多いですか。

［バナナチョコ］が ［2］こ 多い。

グラフや ひょうに あらわすと，多い 少《すく》ないや 数が わかりやすいね。

答え 64ページ

月　日　点

10 時こくと 時間 ①

時刻と時間の違い・時間を求める問題

名前

1 下の 絵《え》を 見て，□に あう 数《かず》や ことばを 書《か》きましょう。

1つ10［50点《てん》］

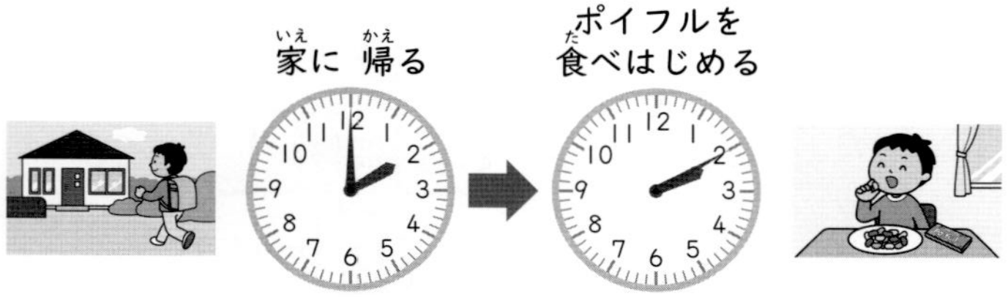

① 家に 帰った ［時《じ》こく］ は 2時で，ポイフルを

食べはじめた 時こくは ［2］ 時 ［10］ 分《ぷん》です。

② 家に 帰ってから ポイフルを 食べはじめるまでに

かかった ［時間《じかん》］ は ［10分］ です。

時こくと 時こくの 間《あいだ》が 時間。

長《なが》い はりが 1めもり すすむ
時間は 1分だよ。

2 つぎの 時間は 何分《なんぷん》ですか。

［10点］

（　21分　）

10 時こくと 時間 ①

3 つぎの 時間《じかん》は 何分《なんぷん》ですか。

1つ10［40点《てん》］

★普段の生活では，時刻のことを時間と言ってしまいがちです。意識して使い分けてみましょう。

①

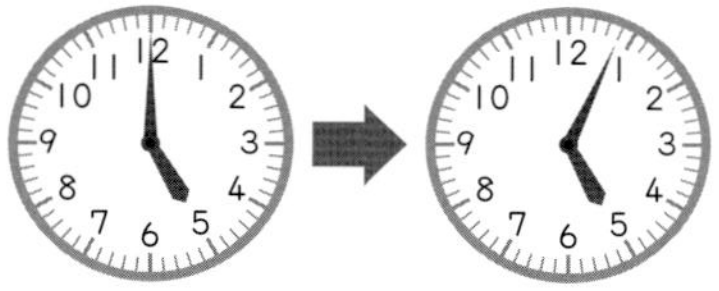

（　4分　）

②

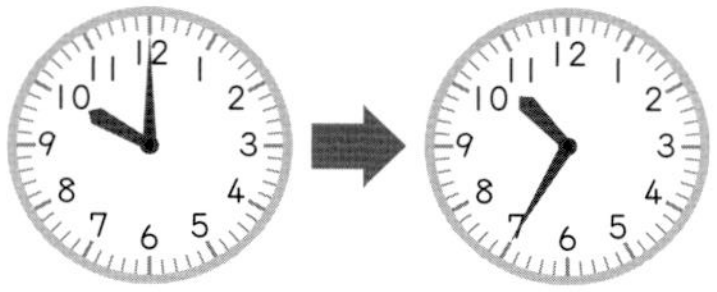

（　35分　）

③

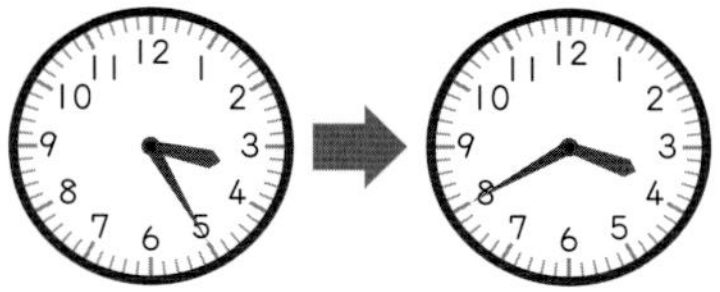

（　15分　）

④

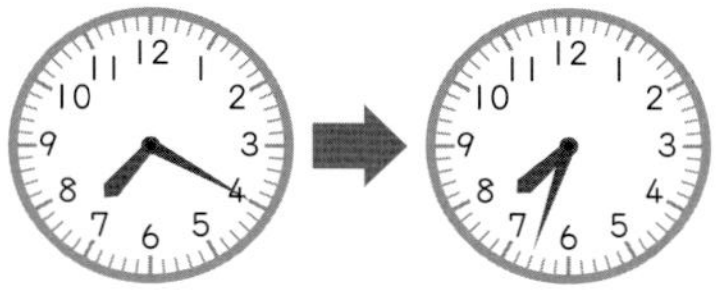

（　13分　）

答え 65ページ

月　日　　点

11 時こくと 時間 ②

時間と分・時刻を求める問題

名前

1 □に あう 数《かず》や ことばを 書《か》きましょう。 1つ5［10点《てん》］

長《なが》い はりが ひと回《まわ》りする
時間《じかん》は ［1時間］ です。
1時間＝［60］ 分《ぶん》です。

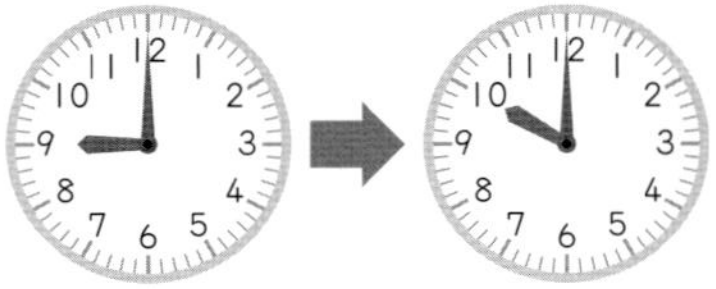

2 □に あう 数を 書きましょう。 1つ6［36点］

① 1時間40分＝［100］ 分
② 1時間10分＝［70］ 分
③ 90分＝［1］ 時間 ［30］ 分
④ 65分《ふん》＝［1］ 時間 ［5］ 分

①1時間は
60分だから
60分と 40分を
あわせよう。
③90分を
60分と 30分に
分けて 考《かんが》えよう。

3 つぎの 時間は 何時間《なんじかん》ですか。 ［6点］

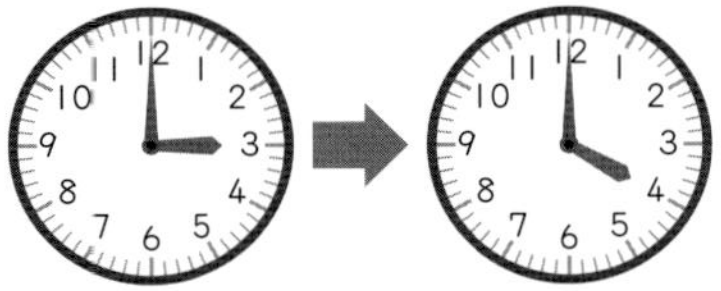

（ 1時間 ）

11 時こくと 時間 ②

4 今《いま》の 時《じ》こくは 6時30分《ぶん》です。つぎの 時こくを 答《こた》えましょう。 1つ6［24点《てん》］

① 1時間後《じかんあと》 （ 7時30分 ）
② 2時間前《まえ》 （ 4時30分 ）
③ 20分後 （ 6時50分 ）
④ 10分前 （ 6時20分 ）

5 今の 時こくは 4時10分です。つぎの 時こくを 答えましょう。 1つ6［24点］

① 2時間後 （ 6時10分 ）
② 3時間前 （ 1時10分 ）
③ 25分《ふん》後 （ 4時35分 ）
④ 10分前 （ 4時 ）

答え 66ページ

月　日　点

12 午前と 午後

午前・正午・午後

名前

1 下の 図《ず》を 見て，□に あう 数《かず》や ことばを 書《か》きましょう。

1つ8［48点《てん》］

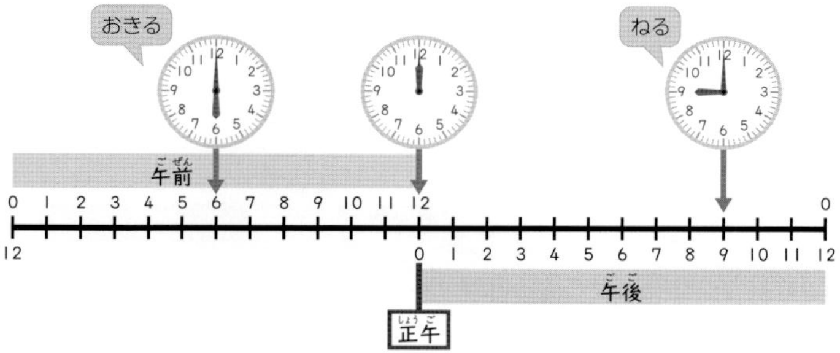

おきる
ねる
午前《ごぜん》
0 1 2 3 4 5 6 7 8 9 10 11 12
0
12
0 1 2 3 4 5 6 7 8 9 10 11 12
午後《ごご》
正午《しょうご》

① おきる 時《じ》こくは 午前　6時 です。

② 午前12時や 午後0時の ことを 正午 と いいます。

③ ねる 時こくは 午後　9時 です。

④ 午前，午後は それぞれ 12 時間《じかん》です。

⑤ 1日＝24 時間

★普段の生活でも，時刻を言うときに午前や午後をつけて言うようにしましょう。

⑥ みじかい はりは 1日に 2 回《かい》 回《まわ》ります。

12 午前と 午後

2 つぎの 時間《じかん》を 答《こた》えましょう。

1つ8［16点《てん》］

①

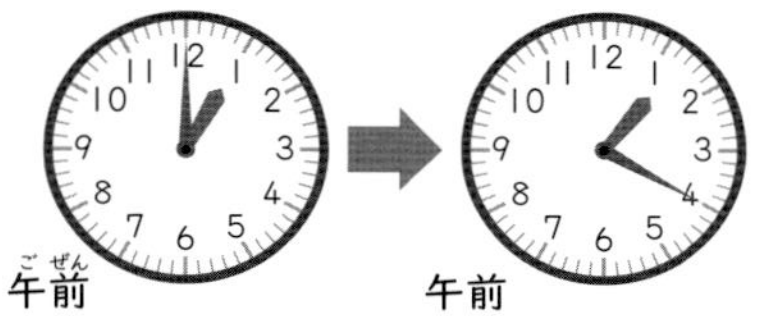

午前《ごぜん》
午前

（　20分　）

午前11時から
正午《しょうご》までは 1時間。
正午から 午後2時までは
2時間だから……。

②

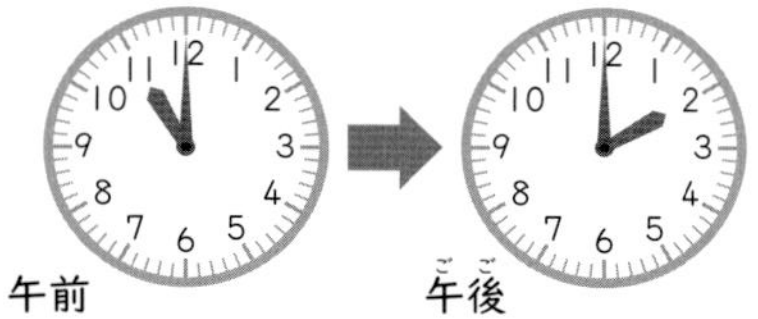

午前
午後《ごご》

（　3時間　）

3 つぎの 時こくを 答《こた》えましょう。

1つ9［36点］

① 午前

20分後《ぷんあと》の 時こく

（　午前7時30分　）

1時間後の 時こく

（　午前8時10分　）

② 午後

15分前《ふんまえ》の 時こく

（　午後5時30分　）

2時間前の 時こく

（　午後3時45分　）

答え 67ページ

月　日　点

13 長さの たんい ①

cmとmm

名前

1 □に あう 数《かず》や ことばを 書《か》きましょう。 1つ10［20点《てん》］

右の 図《ず》の ㋐の 長《なが》さを，

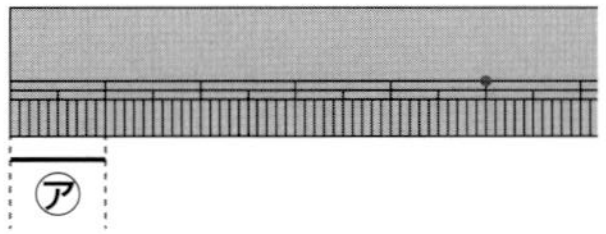

［1センチメートル］と

いい，［1cm］と 書きます。

2 長さを 正しく はかって いるのは どれですか。 ［10点］

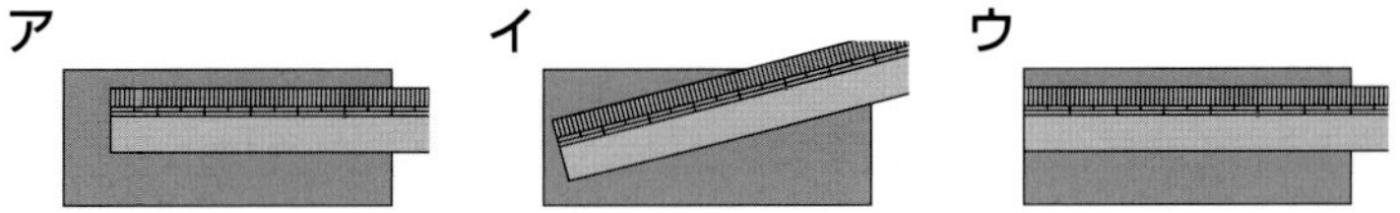

★はかりたいものと，ものさしの端を揃えているものを選びます。（ ウ ）

3 ものさしを つかって，線《せん》の 長さを はかりましょう。

1つ10［20点］

①（ 3 cm ）

②（ 6cm ）

13 長さの たんい ①

4 □に あう 数《かず》や ことばを 書《か》きましょう。 1つ8［24点《てん》］

右の 図《ず》の ㋑の 長《なが》さは，

1cmを 同《おな》じ 長さに 10に

分《わ》けた 1つ分《ぶん》の 長さです。

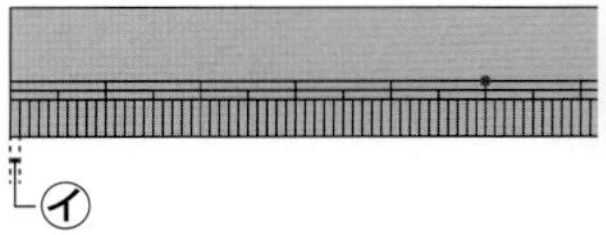

［1ミリメートル］と いい，［1mm］と 書きます。

1cm=［10］mmです。

5 左はしから，㋒，㋓，㋔，㋕までの 長さは，それぞれ どれだけですか。 1つ5［20点］

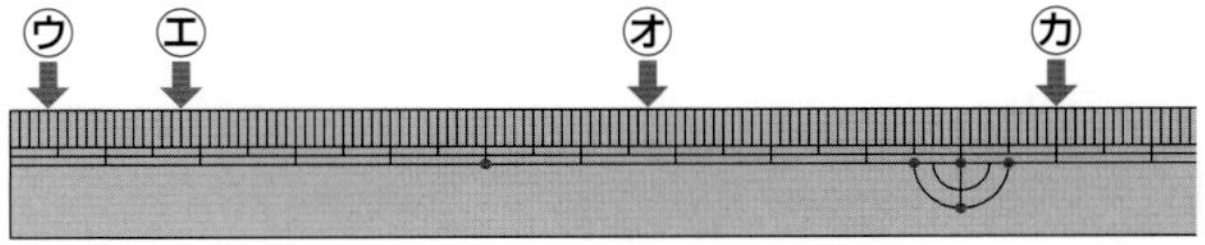

㋒（ 4mm ） ㋓（ 1cm8mm ）

㋔（ 6cm7mm ） ㋕（ 11cm ）

6 けしゴムの 長さは 何《なん》cm何mmですか。 ［6点］

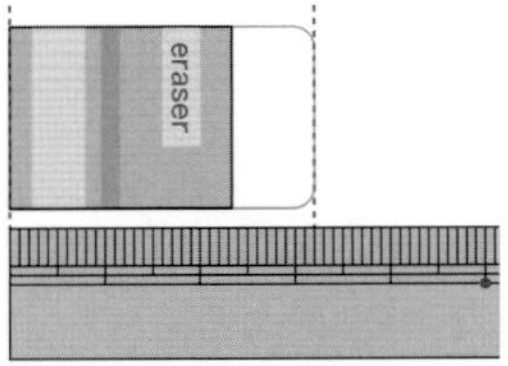

（ 3cm2mm ）

答え 68ページ

月 日

点

14 長さの たんい ②

直線・cmとmmの関係

名前

1 □に あう 数《かず》を 書《か》きましょう。 1つ5［25点《てん》］

① 3cm=［30］mm

② 90mm=［9］cm

③ 6cm2mm=［62］mm

④ 87mm=［8］cm［7］mm

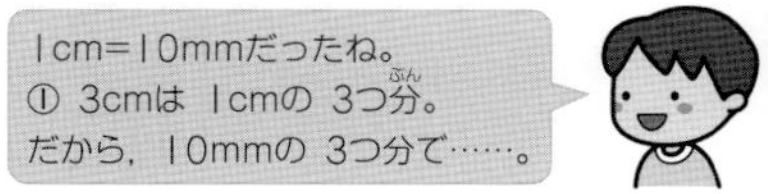

1cm=10mmだったね。
① 3cmは 1cmの 3つ分《ぶん》。
だから，10mmの 3つ分で……。

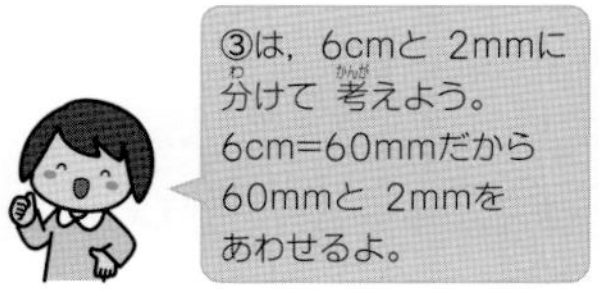

③は，6cmと 2mmに 分《わ》けて 考《かんが》えよう。
6cm=60mmだから 60mmと 2mmを あわせるよ。

2 まっすぐな 線《せん》を 直線《ちょくせん》と いいます。下の 直線の 長《なが》さは 何《なん》cm何mmですか。また，何mmですか。 1つ5［45点］

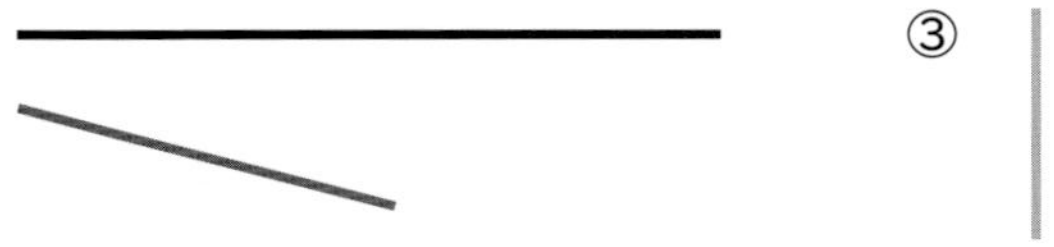

① ［7］cm［4］mm，［74］mm

② ［4］cm［1］mm，［41］mm

③ ［2］cm［5］mm，［25］mm

ものさしで
はかってみよう。

14 長さの たんい ②

3 つぎの 長《なが》さの 直線《ちょくせん》を ひきましょう。 1つ5［10点《てん》］

★答え合わせでは，長さが正しいかだけでなく，まっすぐひかれているかも確認してください。

① 2cm9mm

② 76mm

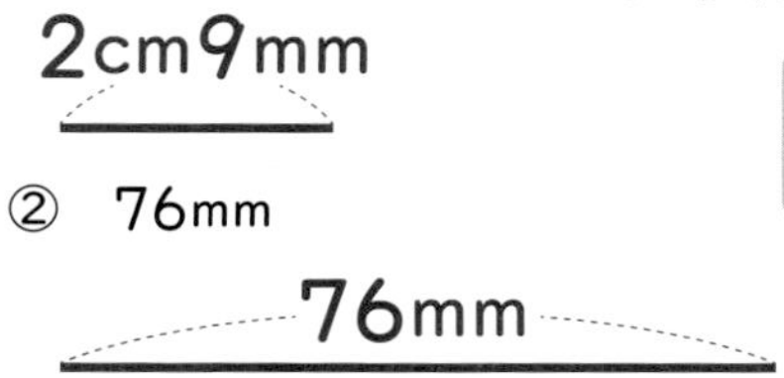

2cm9mm
76mm

ものさしを しっかり おさえて，
ずれたり まがったり しないように
気を つけて 線を ひこう。

4 ㋐から ㋑までの 長さは 何《なん》cm何mmですか。また，何mmですか。 1つ5［15点］

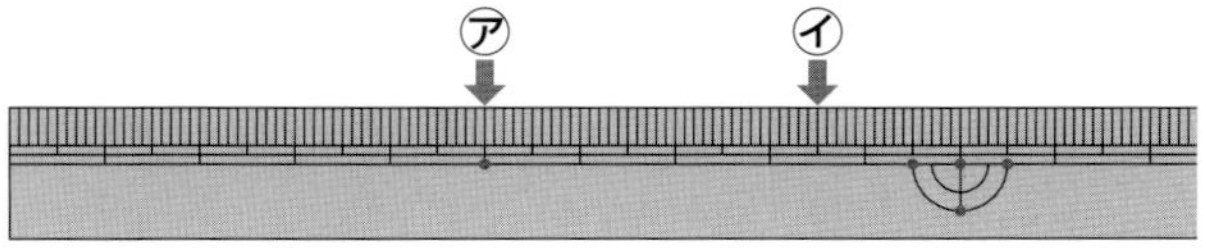

㋐
㋑

［3］cm［5］mm，［35］mm

5 長い じゅんに ならべましょう。 ［5点］

5cm　35mm　5cm3mm

（ 5cm3mm ， 5cm ， 35mm ）

答え 69ページ

月　日　点

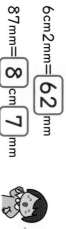

15 長さの 計算

長さのたし算・ひき算

名前

1 ㋐の 線《せん》と ㋑の 線の 長《なが》さを くらべましょう。 1つ4〔36点《てん》〕

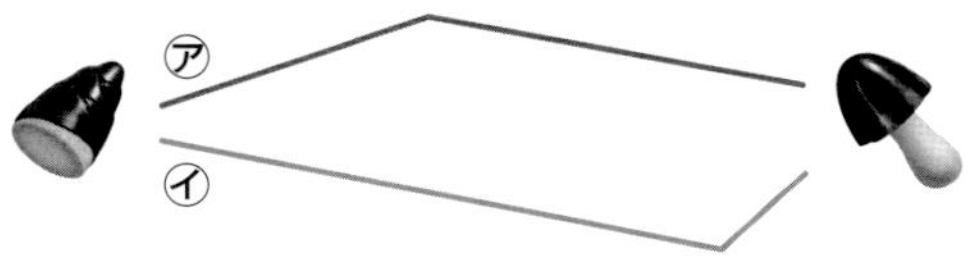

① ㋐の 線の 長さは 何《なん》cmですか。

[3]cm+4cm=[7]cm

②では，
6cm+1cmのように，
同《おな》じ たんいの 数《かず》どうしを
たして いるね。

② ㋑の 線の 長さは 何cm何mmですか。

[6]cm+[1]cm2mm=[7]cm[2]mm

③ どちらの 線が どれだけ 長いでしょうか。

7cm2mm−7cm=[2]mmだから，

[㋑]の 線の ほうが [2]mm 長い。

2 つぎの 計算《けいさん》を しましょう。 1つ7〔14点〕

① 15cm+4cm=19cm　② 4mm−3mm=1mm

★=を書き忘れたり，ひき算をたし算だと思って計算したり，cmをmmと書いたりするミスが多いところです。

15 長さの 計算

3 つぎの 計算《けいさん》を しましょう。 1つ5〔50点《てん》〕

① 2mm+6mm
=8mm

② 14cm−8cm
=6cm

③ 1cm2mm+7mm
=1cm9mm

④ 4cm5mm−3mm
=4cm2mm

⑤ 14cm9mm+2cm
=16cm9mm

⑥ 18cm9mm−9cm
=9cm9mm

⑦ 8mm+13cm1mm
=13cm9mm

⑧ 3cm7mm−5mm
=3cm2mm

⑨ 5cm6mm+4cm1mm
=9cm7mm

⑩ 9cm9mm−2cm4mm
=7cm5mm

たし算《ざん》かな？
ひき算かな？
まず これを かくにん！

同《おな》じ たんいの
数《かず》どうしを 計算するから，
たんいが 同じ ところを
○や □で かこむと
計算しやすいよ。

答え 70ページ

月　日　点

16 長い ものの 長さの たんい

長さの単位mやその計算

名前

1 □に あう 数《かず》や ことばを 書《か》きましょう。 1つ4［8点《てん》］

100cmの ことを，［メートル］と いう たんいを

つかって［1m］と 書きます。 1m＝100cm

★身長や家具の長さなど，身近なもので長さをイメージしましょう。

2 1mの ものさしの 左はしから，㋐，㋑，㋒，㋓までの 長《なが》さは，それぞれ どれだけですか。 1つ4［16点］

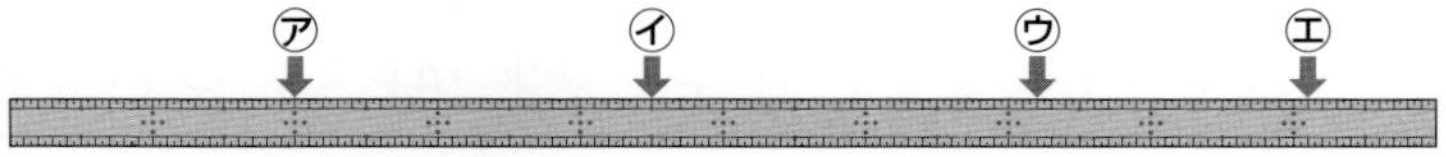

㋐（ 20cm ） ㋑（ 45cm ）
㋒（ 72cm ） ㋓（ 91cm ）

3 □に あう 数を 書きましょう。 1つ4［12点］

こくばんの よこの 長さを はかったら，1mの ものさしで 3つ分《ぶん》と 60cmでした。こくばんの よこの 長さは

［3］m［60］cmで，［360］cmとも あらわせます。

1mの 3つ分は 3m

1m＝100cmだから，3m＝300cm。300cmと 60cmを あわせると……。

16 長い ものの 長さの たんい

4 □に あう 数《かず》を 書《か》きましょう。 1つ5［40点《てん》］

① 5m＝［500］cm　② 200cm＝［2］m

③ 8m70cm＝［870］cm　④ 395cm＝［3］m［95］cm

⑤ 6m1cm＝［601］cm　⑥ 408cm＝［4］m［8］cm

5 つぎの 計算《けいさん》を しましょう。 1つ4［16点］

① 6m20cm＋3m ＝9m20cm　② 7m10cm－2m ＝5m10cm

③ 4m60cm＋30cm ＝4m90cm　④ 5m95cm－5cm ＝5m90cm

★cmとmmと同様，同じ単位の数どうしを計算します。

6 □に あう 長《なが》さの たんいを 書きましょう。 1つ4［8点］

① いすの 高《たか》さ 45［cm］

② バスの 長さ 9［m］

これまでに 学んだ cm，mm，mの どれかが あてはまるよ。いすや バスは どのくらいの 大きさかな。

答え 71ページ

月　日　点

17 水の かさの たんい ①

dLとL

名前

1 □に あう 数《かず》や ことばを 書《か》きましょう。 1つ4［8点《てん》］

水などの かさは，デシリットル と いう かさの たんいを つかって あらわします。1デシリットルは，1dL と 書きます。

★2年生では長さの単位（cm，mm，m）と，かさの単位（dL，L，mL）を学習します。それぞれの単位どうしの関係（1L=10dLなど）が混乱しやすいところなので，注意しましょう。

2 つぎの 水とうの 水の かさは，それぞれ 1dLの いくつ分《ぶん》で，何《なん》dLですか。 1つ5［20点］

①

1dLの 2 つ分

2 dL

②

1dLの 5 つ分

5 dL

3 **2**の 水とうは，どちらの ほうが 何dL 多《おお》く 入りますか。 1つ5［10点］

② の 水とうの ほうが，3 dL 多く 入ります。

17 水の かさの たんい ①

4 □に あう 数《かず》や ことばを 書《か》きましょう。 1つ6［18点《てん》］

大きな かさは，リットル と いう たんいを つかって あらわします。

1リットルは，1L と 書きます。1L= 10 dLです。

5 つぎの 入れものに 入る 水の かさを，それぞれ 2つの あらわし方《かた》で 書きましょう。 1つ4［44点］

①

2 L

20 dL

②

1 L 2 dL

12 dL

③

1 L 5 dL

15 dL

④

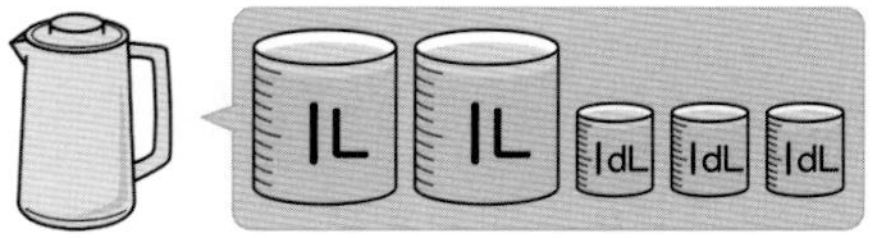

2 L 3 dL

23 dL

答え 72ページ　　月　　日　　点

18 水の かさの たんい ②

mLと，かさの計算

名前

1 □に あう 数《かず》や ことばを 書《か》きましょう。 1つ10［30点《てん》］

小さい かさは，［ミリリットル］と いう たんいを つかって あらわします。

1ミリリットルは，［1mL］と 書きます。

1L=［1000］mLです。

水の かさの たんいでは dL，L，mLを 学んだね。

2 □に あう 数を 書きましょう。 1つ3［30点］

① 3L=［30］dL

② 50dL=［5］L

③ 1L7dL=［17］dL
10dL

④ 3L8dL=［38］dL

③は，10dLと 7dLを あわせて……。

★分けたり合わせたりして考えるのは，長さと同じです。

⑤ 29dL=［2］L［9］dL
20dL 9dL
2L

⑥ 41dL=［4］L［1］dL

⑤は，2Lと 9dLを あわせて……。

⑦ 1000mL=［1］L

⑧ 1dL=［100］mL

18 水の かさの たんい ②

3 つぎの 計算《けいさん》を しましょう。 1つ4［40点《てん》］

① 4dL+3dL
=7dL

② 100mL+20mL
=120mL

③ 2L+1L5dL
=3L5dL

④ 6L8dL+3L
=9L8dL

⑤ 4dL+9L3dL
=9L7dL

⑥ 7L1dL+6dL
=7L7dL

⑦ 9L1dL−4L
=5L1dL

⑧ 1L8dL−1dL
=1L7dL

⑨ 2L6dL+5L2dL
=7L8dL

⑩ 8L7dL−4L2dL
=4L5dL

まずは たし算《ざん》か ひき算か かくにんしよう。

同《おな》じ たんいの 数《かず》どうしを 計算するよ。たんいが 同じ ところを ○や □で かこむと 計算しやすいね。

答え 73ページ

月 日 点

チョコっと ひとやすみ

形の ぬりえ
・たからさがし

○形《かたち》の ぬりえ○

◯《まる》の なかまを 青，△《さんかく》の なかまを みどり，□《しかく》の なかまを 黄色《きいろ》で ぬりましょう。★▨を青，▦を緑，⛆を黄色で塗ります。

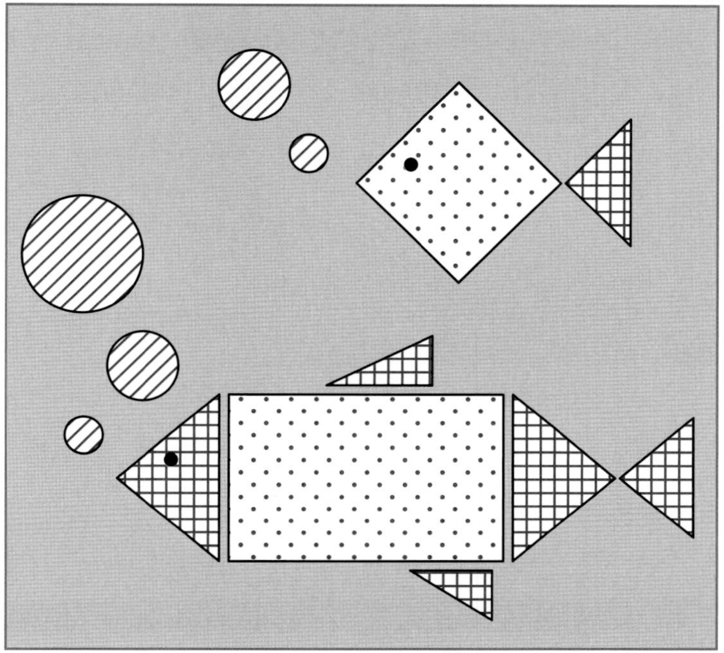

○たからさがし○

ヒントを 読《よ》んで，本ものの たからばこを ○で かこみましょう。

ヒント

① スタートから 右に 10cm すすむ。
② そこから 上に 9cm すすむ。
③ さらに 左に 3cm すすんだ ところに あるのが 本ものの たからばこだ。

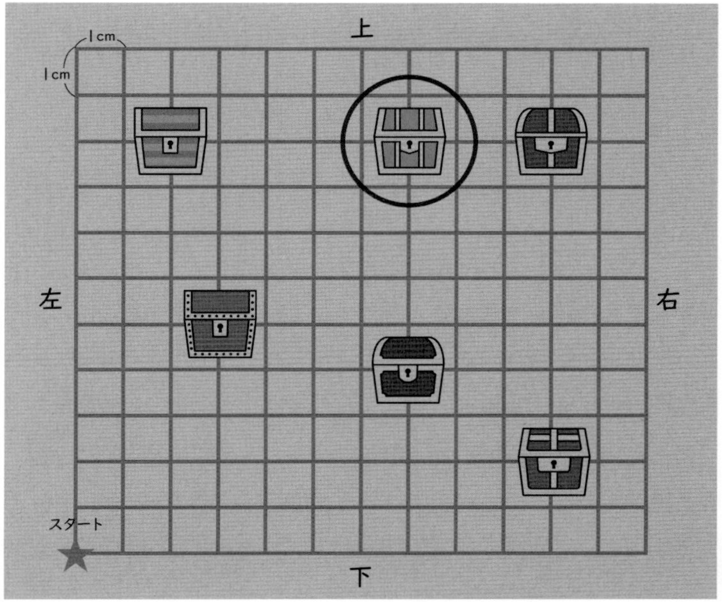

19 三角形と 四角形

三角形・四角形と，辺・頂点

名前

1 □に あう ことばを 書《か》きましょう。 1つ9［36点《てん》］

3本の 直線《ちょくせん》で かこまれた 形《かたち》を，［三角形《さんかくけい》］と いいます。

4本の 直線で かこまれた 形を，［四角形《しかくけい》］と いいます。

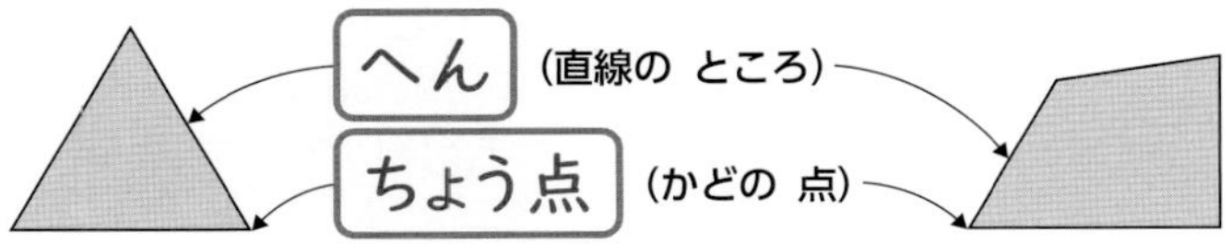
へん
(直線の ところ)
ちょう点
(かどの 点)

2 三角形と 四角形を 見つけて，記《き》ごうで 答《こた》えましょう。 1つ8［16点］

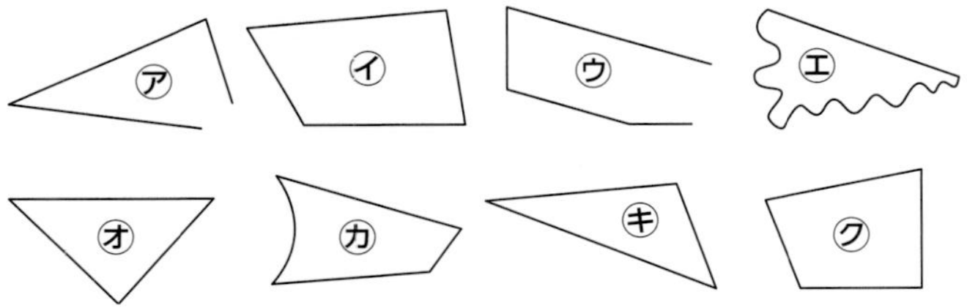
ア
イ
ウ
エ
オ
カ
キ
ク

直線で かこまれて いるかな？
直線は，何本《なんぼん》 あるかな？

★三角形でも四角形でもない形について，「なぜ三角形（四角形）ではないのか」を説明してみましょう。

三角形（　オ，キ　）

四角形（　イ，ク　）

19 三角形と 四角形

3 右の 三角形《さんかくけい》を 見て，□に あう 数《かず》を 書《か》きましょう。 1つ8［16点《てん》］

三角形には，へんが［3］つ，

ちょう点が［3］つ あります。

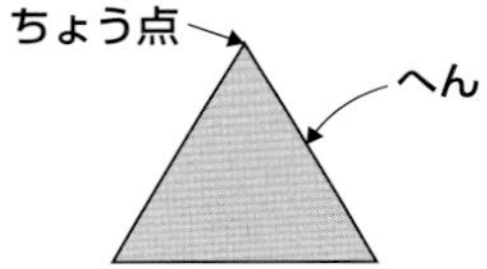
ちょう点
へん

4 右の 四角形《しかくけい》を 見て，□に あう 数を 書きましょう。 1つ8［16点］

四角形には，へんが［4］つ，

ちょう点が［4］つ あります。

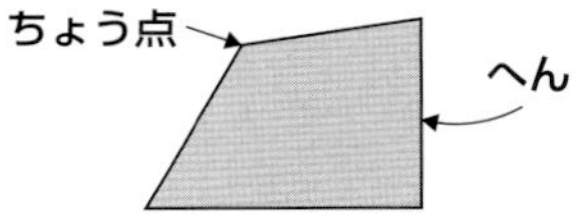
ちょう点
へん

5 へんを かきたして，三角形と 四角形を かきましょう。 1つ8［16点］

① 三角形

(れい)

② 四角形

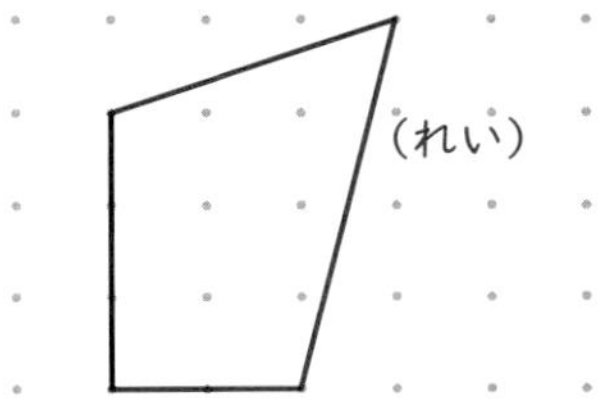
(れい)

答え 75ページ

月　日　点

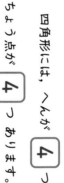

20 長方形と 正方形

直角・長方形・正方形・直角三角形

名前

1 □に あう ことばを 書《か》きましょう。 1つ10［40点《てん》］

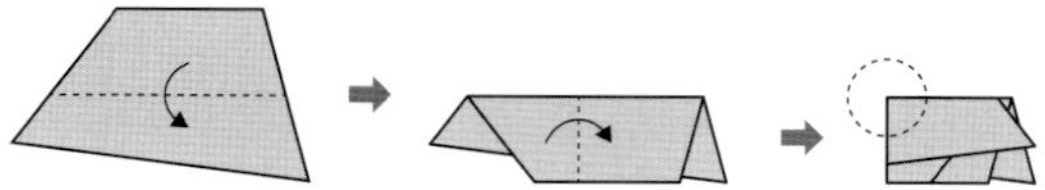

① 上のように 紙《かみ》を おって できる かどの 形《かたち》を
直角《ちょっかく》 と いいます。

② 右のように 4つの かどが みんな 直角に なって いる 四角形《しかくけい》を，
長方形《ちょうほうけい》 と いいます。

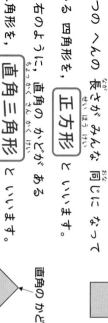

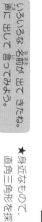

③ 右のように 4つの かどが みんな 直角で，4つの へんの 長《なが》さが みんな 同《おな》じに なって いる 四角形を，正方形《せいほうけい》 と いいます。

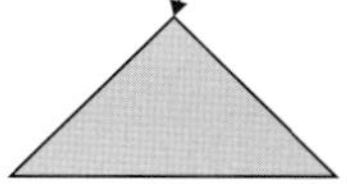

④ 右のように，直角の かどが ある 三角形を，直角三角形《ちょっかくさんかくけい》 と いいます。

いろいろな 名前《なまえ》が 出て きたね。
声《こえ》に 出して 言《い》ってみよう。

★身近なもので，長方形や正方形，直角三角形を探してみましょう。

20 長方形と 正方形

2 長方形《ちょうほうけい》は どれですか。 ［15点《てん》］

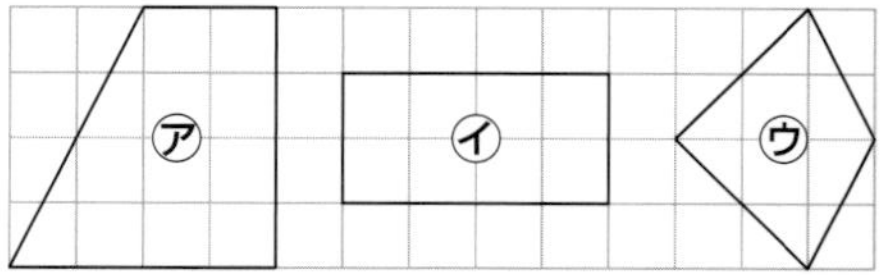

（ イ ）

3 正方形《せいほうけい》は どれですか。 ［15点］

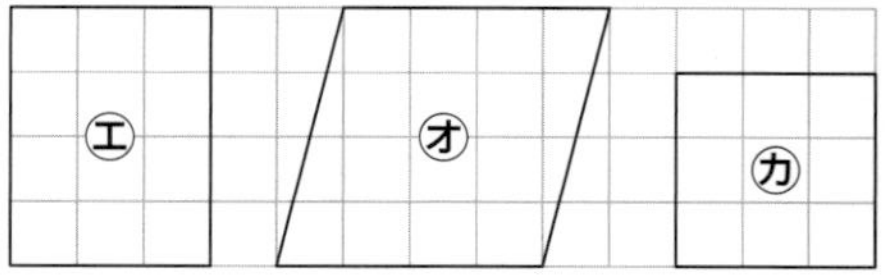

（ カ ）

4 直角三角形《ちょっかくさんかくけい》は どれですか。 ［15点］

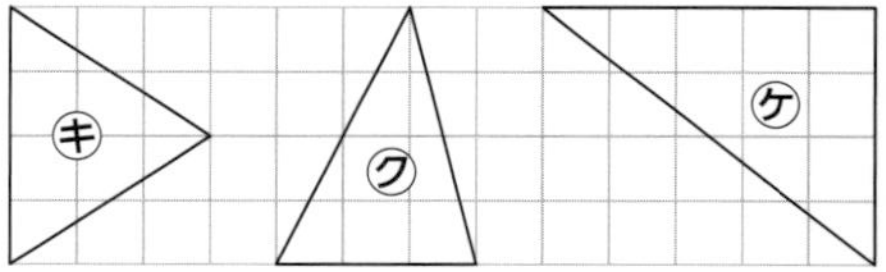

（ ケ ）

5 右の 形《かたち》は，長方形です。
コの へんの 長《なが》さは 何《なん》cmですか。 ［15点］

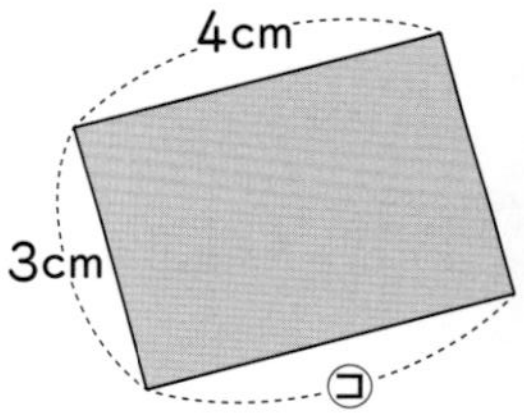

長方形の
むかい合《あ》って いる
へんの 長さは
同《おな》じに なって いるよ。

（ 4cm ）

答え 76ページ

月　日

点

21 はこの 形

箱の形・頂点・辺

名前

1 □に あう 数《かず》を 書《か》きましょう。 1つ8 [24点《てん》]

① 右のような はこの 形《かたち》には

長方形《ちょうほうけい》の 面《めん》が [6] つ あります。

同《おな》じ 形の 面は，[2] つずつ あります。

面
面
面

② 右のような はこの 形は，

面の 形が みんな 同じです。

面は [6] つ あります。

面
面
面

2 同じ 形の 面を 2つずつ つかって，下のように テープで つなぎました。はこを 組《く》み立てる ことは できますか。 1つ8 [16点]

①

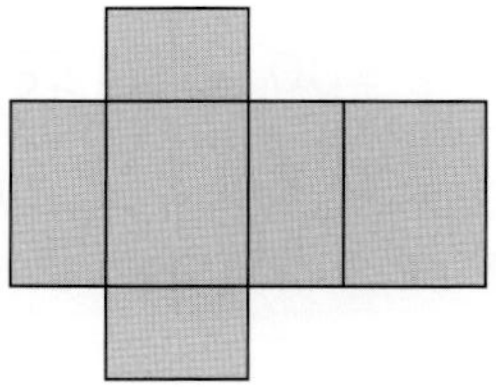

②

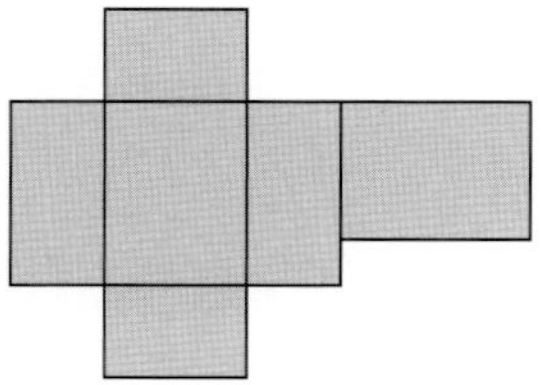

★組み立てるイメージをするのが難しい場合は，実際にお菓子などの箱の面を切り取ってつなぎ合わせ，もう一度組み立ててみましょう。

①（ できる。 ）　②（ できない。 ）

21 はこの 形

3 ひごと ねん土玉を つかって，右の はこの 形《かたち》を 作《つく》ります。□に あう 数《かず》を 書《か》きましょう。 1つ9 [36点《てん》]

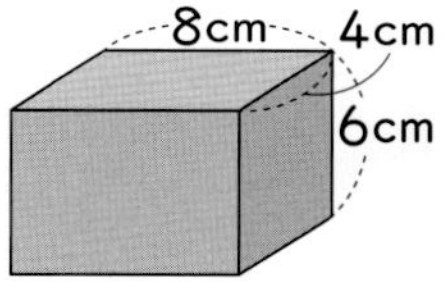

8cm
4cm
6cm

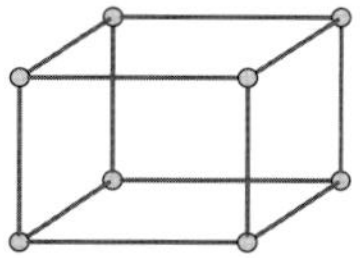

① 4cmの ひごを [4] 本

6cmの ひごを [4] 本

8cmの ひごを [4] 本 よういします。

② ねん土玉は，[8] こ よういします。

4 はこの 形には，へん，ちょう点が，それぞれ いくつ ありますか。 1つ8 [16点]

3の ひごの 数は ぜんぶで 12，
ねん土玉の 数は 8だよ。

へん（ 12 ）　ちょう点（ 8 ）

5 右のような はこの 形には，3cmの へんが いくつ ありますか。 [8点]

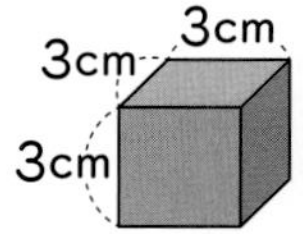

3cm
3cm
3cm

（ 12 ）

答え 77ページ

月　日　点

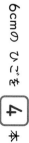

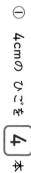

22 2年生の まとめ

2年生の数・量・図形のまとめ

名前

1 □に あう 数《かず》を 書《か》きましょう。 1つ5［40点《てん》］

① 321は，100を 3 こ，10を 2 こ，
1を 1 こ あわせた 数です。

② 100を 95こ あつめた 数は 9500 です。

③ 1時間《じかん》は 60 分，午前《ごぜん》は 12 時間，
午後《ごご》は 12 時間，1日は 24 時間です。

2 つぎの 計算《けいさん》を しましょう。 1つ4［24点］

① 70+80=150　② 600−400=200

③ 3cm6mm+5cm=8cm6mm

★2年生の数・量・図形のまとめ問題です。わからなかったところは，前に戻って復習しましょう。

④ 2m90cm−10cm=2m80cm

⑤ 6dL+9L2dL=9L8dL　⑥ 8L7dL−2L=6L7dL

22 2年生の まとめ

3 □に あう ＞，＜，＝を 書《か》きましょう。 1つ4［16点《てん》］

① 512 ＞ 215　② 2932 ＜ 2976

③ 999 ＜ 1001　④ 470−70 ＝ 400

4 つぎの 時《じ》こくを 答《こた》えましょう。 1つ4［8点］

午前《ごぜん》

30分後《ぶんあと》の 時こく
（　午前9時50分　）

1時間前《じかんまえ》の 時こく
（　午前8時20分　）

5 右のような はこの 形《かたち》が あります。 1つ4［12点］

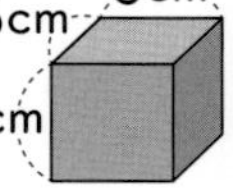
5cm
5cm
5cm

① たて5cm，よこ5cmの 正方形《せいほうけい》の 面《めん》は，いくつ ありますか。 （　6　）

② 5cmの へんは いくつ ありますか。 （　12　）

③ ちょう点は いくつ ありますか。 （　8　）

もんだいは これで さいごだよ。

よく がんばったね！

答え 78ページ

月　日　点

チョコっと ひとやすみ

★こうさく★
おかしボックスを
作ってみよう！

おかしボックス

12ページに ある
作《つく》り方《かた》を 見ながら，
おかしを 入れる
はこを 作ってみよう！

はさみを つかう 時《とき》は，
けがに 気を つけよう！

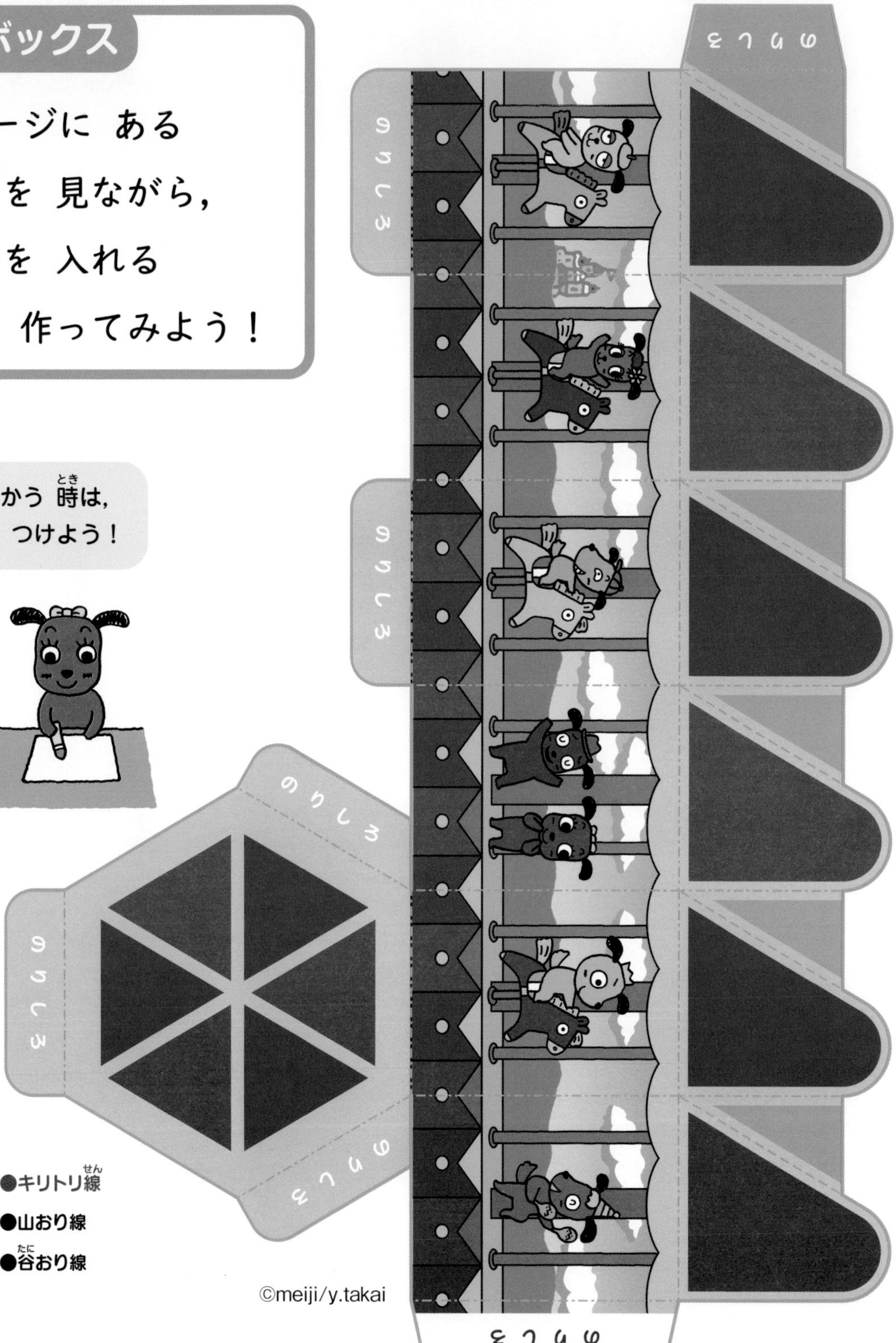

●キリトリ線《せん》
●山おり線
●谷《たに》おり線